Tobias Zoporowski

Praxisratgeber
Klassikerkauf

Mercedes SL R 129

Alle Modelle von 1989-2001

HEEL

HEEL Verlag GmbH
Gut Pottscheidt
53639 Königswinter
Telefon 0 22 23 / 92 30-0
Telefax 0 22 23 / 92 30-13
Mail: info@heel-verlag.de
Internet: www.heel-verlag.de

2. Auflage 2024

Verantwortlich für den Inhalt: Tobias Zoporowski,

Fotos: Tobias Zoporowski, Daimler AG, Martin Henze

Lektorat: Jost Neßhöver

Satz und Gestaltung: Ralph Handmann

Titelbild: Jörg Hajt

Druck und Verarbeitung: D + L Reichenberg GmbH, Bocholt

Printed in Germany

ISBN: 978-3-95843-357-1

Inhalt

Einleitung – Zum Zweck dieses Buches

Der R 129 – Sportliche Eleganz

SL. Zwei Buchstaben, die Mercedes-Fans seit jeher in Verzückung versetzt haben. Wo ein SL ist, ist oben. Oder vorn. Je nach Blickwinkel. Ein SL ist die Speerspitze schwäbischen Automobilbaus. In diesem Fahrzeug steckt alles, was Mercedes-Benz-Ingenieure zu ihrer Zeit zu leisten vermögen. Das ist übrigens bis heute so. Ein SL ist stets Technologieträger und Stilikone.

Als die Baureihe R 129 im Jahr 1989 auf dem Genfer Automobilsalon der Öffentlichkeit präsentiert wurde und damit den Longseller R/C 107 nach 18 (!) Jahren Bauzeit ablöste, war dies ein radikaler Schnitt. Obschon weiter als zweisitziger Roadster ausgelegt, setzte der R 129 von Beginn an einen eigenen Maßstab.

Das ungemein elegante und satt auf der Straße ruhende Karosseriedesign, das wiederum Jahrzehnte überdauern sollte, ohne je altmodisch zu wirken, verzichtete vollständig auf die bis dato typischen Chromapplikationen und entsprach so dem Zeitgeist, war in gewisser Hinsicht gar „modisch“. Ein Attribut, dass sich der Hersteller sonst eher ungern nachsagen ließ.

Natürlich war es aber nicht nur das ausgesprochen dauerhafte Design, das den Erfolg des offenen Sportwagens aus Bremen (nicht Sindelfingen!) ausmachte. Der R 129 legte vor allem in Sachen Sicherheit die Messlatte extrem hoch. So verwindungssteif wie seine Karosserie war zuvor noch kein Roadster-Blechkleid gewesen. Die aus insgesamt fünf Magnesium-Teilen zusammengefügten Vordersitze waren integraler Bestandteil des Sicherheitskonzepts und dienten dem Seitenaufprallschutz.

Nicht zu vergessen der im normalen Betrieb voll versenkte Überrollbügel, der im Falle eines drohenden Überschlages sensorgesteuert binnen 0,3 Sekunden hochschnellte und die Köpfe der Insassen schützte. Ein solches Element wurde erstmals im Automobilbau eingesetzt.

Technik, die heute fast üblich ist, war damals vor allem in Hinblick auf ihre Langzeithaltbarkeit kaum einzuschätzen. Mercedes-Benz selbst empfahl anfangs den Austausch der Airbageinheiten nach 10 bis 15 Jahren. Aus Sicherheitsgründen. Später wurde die Empfehlung offiziell aufgehoben, dem Autor sind keine Fahrzeuge bekannt, bei denen die ab Werk verbauten „Schutzsäcke“ jemals ohne besonderen Anlass ersetzt wurden.

Offen ist er am schönsten: Auch 15 Jahre nach Produktionsende strahlt der Mercedes SL der Baureihe 129 lässige Eleganz aus. Selbst wenn das elektrohydraulische Verdeck geöffnet ist, weht kein Orkan durchs Cockpit. Mit dem serienmäßigen Windschott (rechts im Sondermodell „Silver Arrow“ mit Chromrand) gleich gar nicht.

Ein Mercedes SL der Baureihe R 129 ist auch heute noch ein Fahrzeug auf der Höhe der Zeit. Technisch sowieso. Optisch ruht er, inmitten vielerlei Stylinggags und Designeskapaden, die als zeitgemäß verkauft werden, angenehm in sich. In einem gepflegten Exemplar fühlt man sich stets gut angezogen und darf immer noch stilsicher über den knirschenden Kies einer exklusiven Hotelzufahrt rollen. Deplaziert ist dieses Auto dort keinesfalls.
Bevor Sie sich nun auf die Suche nach „Ihrem" R 129 machen, sollten Sie sich darüber bewusst werden, dass ein SL niemals wirklich billig ist. Er war es zu Beginn seiner Bauzeit nicht, und er ist es auch heute nicht. Einen R 129 in ordentlichem Zustand zu erwerben und zu erhalten, erfordert gewisse finanzielle Reserven. Hüten Sie sich vor vermeintlichen Schnäppchen aus dem Internet, einen problemlosen 3000-Euro-SL gibt es nicht! Studieren Sie diesen Ratgeber gründlich, ziehen Sie Fachliteratur zu Rate und knüpfen Sie Kontakte zur rührigen Clubszene. Mit etwas Geduld steht Ihr offener Traumwagen vielleicht bald in Ihrer Garage.

Ahnenreihe: Die Baureihe 129 hat einen beeindruckenden Stammbaum.

Das serienmäßige Hardtop macht aus dem Roadster ein stilvolles Ganzjahrescoupé. Es lässt sich problemlos zu zweit aufsetzen. Beim Gebrauchtfahrzeug sollte es unbedingt vorhanden und unbeschädigt sein.

1 Der richtige Wagen?

Alltagstauglichkeit

Jeder Mercedes der Baureihe R 129 ist – regelmäßige Wartung und Pflege vorausgesetzt – bestens alltagstauglich. Alle Motorvarianten waren von Beginn an mit geregelten Dreiwege-Katalysatoren ausgerüstet und erhalten die grüne Feinstaubplakette.

Platzangebot

Der R 129 ist prinzipiell als zweisitziger Roadster konzipiert. Optional gab es tatsächlich auch eine Rücksitzbank (nicht für Fahrzeuge mit „Bose"-Soundsystem!), die sich aber eher als zusätzliche Ablagefäche denn als Aufenthaltsort für nennenswerte Distanzen empfiehlt.

Die Fahrzeuglänge täuscht: Zwei Erwachsene finden vorn bequem Platz. Optional war eine Rückbank lieferbar. Auf ihr durften aber nur Personen bis 1,50 Meter Größe und 50 Kilogramm Gewicht Platz nehmen.

Bedienbarkeit

Die Servolenkung erfordert sehr geringe Bedienkräfte. Hat man sich als Mercedes-Neuling einmal an die Fußfeststellbremse gewöhnt, gibt die Bedienung eines R 129 keinerlei Rätsel auf. Alle Kontrollleuchten, Instrumente und Schalter sind selbsterklärend, auch in gut ausgestatteten Modellen gibt es kein Tastenchaos. Was auch der Tatsache zu verdanken ist, dass Mercedes-Benz in der SL-Klasse keine „Blindschalter" duldete – die Zahl der Bedienelemente in der Mittelkonsole entspricht exakt der georderten Ausstattung.

So übersichtlich ist heute keine Armaturentafel mehr. Selbst bei üppiger Ausstattung, also mit vielen Schaltern auf der Mittelkonsole, findet sich jeder auf Anhieb zurecht.

Kofferraum

Gemessen am zeitgenössischen Wettbewerb ist der Laderaum des SL für bedacht zusammengestelltes Urlaubsgepäck für zwei Personen ausreichend dimensioniert. Transportermaße kann man natürlich nicht erwarten. Eine Durchlademöglichkeit in den Innenraum gibt es nicht.

Klein aber fein: Das Kofferabteil fasst Gepäck für zwei Personen. Erweitern lässt sich der Platz nicht. Mit knapp 4,50 Metern Länge passt der Wagen in jede Garage. Mit den langen Türen sollte man indes ein wenig aufpassen.

Platzbedarf/Garage

Mit einer Fahrzeuglänge von rund 4,50 Metern sollte ein SL der Baureihe R 129 in jede Garage passen. Die Fahrzeugbreite (1,80 Meter) ist auch kein Problem. Roadstertypisch verfügt er über recht lange Türen, diese werden sich in einer Normgarage nicht vollständig öffnen lassen.

Laufende Kosten

Betriebs- und Unterhaltskosten eines R 129 hängen natürlich stark mit der gewählten Motorisierung zusammen. Man sollte sich stets vor Augen halten, dass ein Mercedes SL kein billiges Vergnügen ist. Wer mit MB-Originalteilen wartet und repariert, zahlt entsprechend selbstbewusste Kurse. Die Motoren gelten allesamt nicht als Kostverächter, mit Verbräuchen mindestens im unteren zweistelligen Bereich sollte man rechnen.

Ersatzteile

Heute bestellt, morgen geliefert: Das gilt für jeden Mercedes-Vertragshändler und für im Grunde jedes benötigte Teil. Wesentlich günstiger, aber meistens nicht schlechter, liefert der gut sortierte freie Ersatzteilmarkt. Viele Anbieter haben sich auf die Baureihe spezialisiert, halten gebrauchte und Repro-Neuteile zu fairen Preisen parat. Als erste Adresse gilt das werkseigene Gebrauchtteile-Zentrum (MBGTC), wo es grundüberholten Ersatz mit Garantie gibt. Längst haben sich auch Schrotthändler auf Mercedes-Baureihen spezialisiert.

Versicherung

Ein SL-Roadster läuft nicht zum Polo-Tarif! Das sehen auch die Versicherungskonzerne so, die Cabriolets generell höher einstufen als Fahrzeuge mit geschlossenem Dach. Ein Mercedes SL war und ist auch stets begehrtes Diebesgut und beliebtes Opfer von Vandalen, auch das kalkulieren die Versicherer in die Prämie ein. Für einen Youngtimer- oder Klassikertarif kommt die Baureihe R 129 bei den meisten Assekuranzen noch nicht in Betracht. Nachfragen kann sich allerdings lohnen.

Werterhalt

Der Markt hat sich noch nicht vollständig sortiert: Überschminkte Blender und Tuningopfer aus x-ter Hand gibt es für erstaunlich kleines Geld. Sie stellen für Liebhaber und Sammler kaum eine Option dar. Ordentliche SL, die als „Daily Driver" genutzt werden und hier und da Gebrauchsspuren aufweisen, sind für unter 10.000 Euro zu bekommen und halten ihren Wert. Selbst für sehr gut erhaltene und topausgestattete Roadster, möglicherweise aus prominentem Vorbesitz, sind (noch) keine horrenden Summen zu zahlen. Die Szene hat den R 129 aber auf dem Radar, gute Autos mit nachvollziehbarer Historie verlieren kein Geld mehr.

Gute Seiten

Es gibt kaum ein stilvolleres Spätachtziger-/Neunzigerjahre-Cabriolet als diesen SL-Roadster. Satt, elegant und massiv liegt er auf der Straße und verströmt eben jenes aus dem Vollen gefräste und wie für die Ewigkeit gebaute Flair jener Mercedes-Benz-Epoche, in der scheinbar noch ausschließlich Ingenieure die Entwicklungshoheit besaßen. Der zeitlose Sacco-Stil bildet auch heute noch einen angenehmen Ruhepol inmitten immer überdrehter wirkender Designs.

Schlechte Seiten

Der R 129 durchschreitet gerade sein Preistal. Das hat zur Folge, dass viele Blender am Markt sind. Auf verdächtig günstige Preise sollten Sie nicht hereinfallen! Für 3000 Euro gibt es keinen problemlosen SL aus erster Hand. Die Folgekosten, die ein solches vermeintliches Schnäppchen nach sich zieht, können exorbitant sein.

Alternativen

Wer auf ähnliche Tugenden Wert liegt, wie sie der R 129 bietet, aber mehr Platz benötigt, mag sich dem Cabriolet der Baureihe 124 zuwenden, das den Sprung in den Klassikerolymp bereits vollzogen hat und schon lange nicht mehr billiger wird. Kurios: Gute Exemplare notieren teilweise deutlich über 129ern. Hauptkonkurrent BMW hatte seinerzeit keine Alternative zu bieten. Offene und exklusive Zweisitzer gab es natürlich auch bei Porsche (911, 944, 968), wobei sich gerade die Transaxle-Typen am Klassikermarkt etablieren, was sich in steigenden Preisen ausdrückt. Auch der Blick nach Übersee lohnt, eine zeitgenössische Corvette ist immer reizvoll. Auch, wenn deren Verarbeitungs- und Materialstandard nicht mit dem des SL zu vergleichen ist.

Offene Alternative: Das Cabriolet der Baureihe 124 ist ein echter Viersitzer und in gutem Zustand inzwischen richtig teuer.

2 Kosten – erschwinglich oder nicht?

Vorab sei gesagt, dass die Varianten- und Motorenvielfalt der Baureihe R 129 kaum pauschale Aussagen über anfallende Kosten zulässt. Ein SL galt immer auch als automobiler Technologieträger seiner Zeit, manche Systeme können im Alter Ausfallerscheinungen zeigen. Das gilt natürlich eher für üppig ausgestattete Fahrzeuge mit einem hohen Anteil an Komfortelektrik. Zudem schwanken die Kalkulationen – etwa in Sachen Arbeitslohn – auch danach, ob Sie Reparatur und Wartung einer freien Werkstatt oder einem Vertragshändler/einer Niederlassung überantworten. Alle genannten Preise sind Richtwerte und orientieren sich am Typ 500 SL mit V8-Motor. Sie beinhalten Lohn- und Materialkosten sowie die gesetzliche Mehrwertsteuer von 19 %.

Besonders anfällig sind die Motoren (hier der V8) nicht. Einzig dem frühen 300 SL-24V eilt der Ruf voraus, eine „Diva“ zu sein, was sich bei pfleglicher Behandlung nicht bewahrheiten muss.

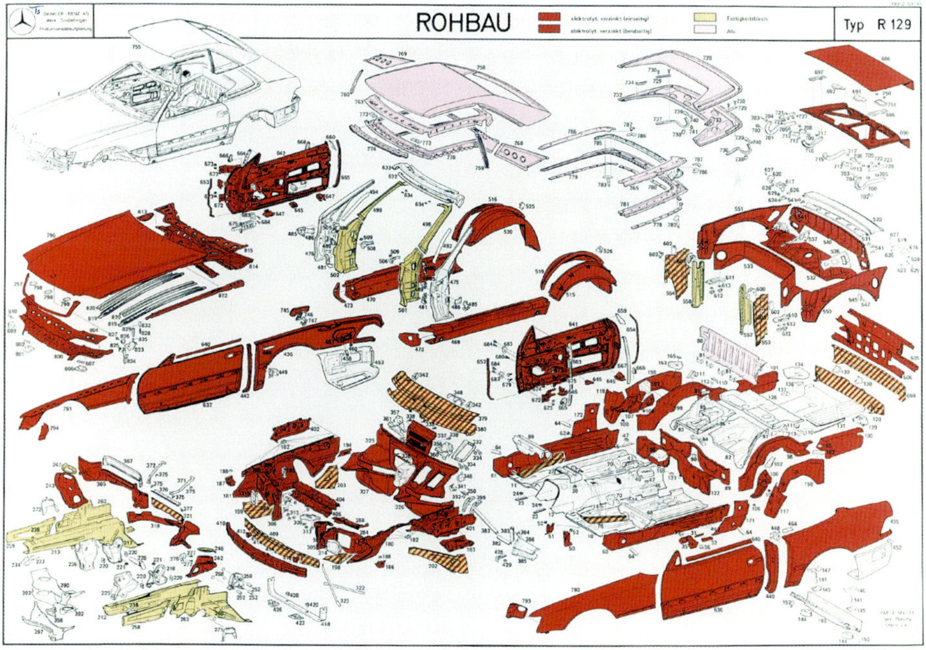

Der SL ist ein komplex gebautes Auto. Vieles davon kommt der enorm großen Verwindungssteifigkeit und der Sicherheit zugute.

1. Inspektion (klein/groß), ohne Zusatzarbeiten:	450 €/1300 €
2. Keilriemenwechsel (inkl. Spannvorrichtung):	450 €
3. Steuerkettenwechsel (inkl. Kettenspanner):	1000 €
4. Zündkerzenwechsel:	135 €
6. Wasserkühler erneuern:	800 €
7. Wasserpumpe mit Thermostat erneuern:	870 €
8. Neuer Auspuff ab Kat:	3400 €
9. Nockenwelle (inklusive Schlepphebel) erneuern:	2400 €
10. Traggelenke Vorderachse erneuern:	400 €
11. Querlenker vorn ersetzen:	1200 €
12. Stoßdämpfer rundum erneuern:	1820 €
13. Federspeicher (ADS-Fahrwerk) ersetzen:	1020 €
14. Austausch Radlager vorn:	700 €
15. Bremsbelagwechsel (vorn/hinten):	170 €/170 €
16. Bremsflüssigkeit wechseln:	99 €
17. Hardyscheibe (Getriebeausgang) erneuern:	420 €
18. Zylinderkopfdichtung erneuern:	2750 €
19. Fußfeststellbremse justieren:	50 €
20. Achsvermessung (inkl. neuer Spurstangen):	410 €
21. Cabrioverdeck erneuern:	6100 €
22. Motorsteuergerät ersetzen:	1750 €
23. Motorkabelbaum erneuern:	1650 €
24. Automatikgetriebeöl (ATF) wechseln:	370 €
25. Klimaanlage abdichten, befüllen, Kondensator erneuern:	1500 €

Faustregel: Defekte an der Elektrik/Elektronik sind prinzipiell genau so kostspielig zu reparieren wie bei einem modernen Fahrzeug. Zuweilen sind gebrauchte oder AT-Steuergeräte bei

Online-Auktionen verdächtig günstig zu haben. Wem es um das Geld nicht zu schade ist, der mag das versuchen, aber: Es handelt sich fast immer um Wundertüten! Einwandfreie Funktion garantiert der Anbieter nämlich in der Regel nicht. Wie auch? Mit „Hausmitteln" lässt sich die Funktion eines Motormanagementsystems nicht testen. Alternative: Es gibt inzwischen diverse Betriebe – etwa die Firma Hitzing + Paetzold (www.hitzpaetz.de) im nordrhein-westfälischen Gladbeck –, die sich auf die Reparatur von Steuergeräten spezialisiert haben. Oft kann auch das offizielle MB-Altteilecenter helfen. Dann gibt's sogar Garantie.

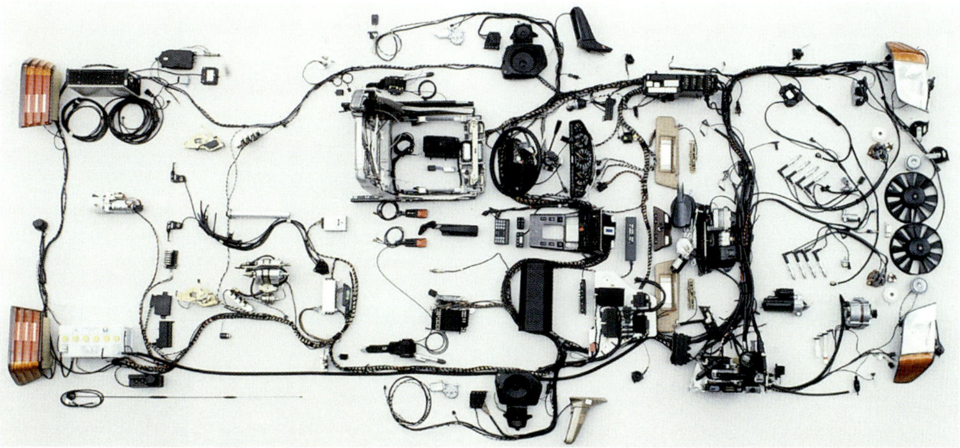

Der R 129 verfügt bereits über ein gehöriges Maß an Elektronik. Wo so viel schaltet und waltet, kann auch mal etwas kaputt gehen. Die Ersatzteilversorgung gilt als gesichert. Billig sind Elektronikkomponenten nicht unbedingt.

Leicht zu finden:

Im Grunde: Alles. Sie fahren einen Mercedes-Benz. Das heißt: Alles, was das Fahrzeug zum Fortkommen benötigt oder benötigen könnte, bekommen Sie entweder sofort oder innerhalb von 24 Stunden an der Teiletheke des Vertragshändlers. Verschleißteile sowieso.

Schwer erhältlich:

„Schwer erhältlich" existiert im Mercedes-Kosmos kaum. Wenn es nicht gerade um Innenraumteile in exotischen Farben – wobei sich etwa bei „Designo"-Leder auch die Nachfrage beim Hersteller lohnt – geht, bekommen Sie eigentlich wirklich alles. Und sollte die Teilesuche tatsächlich einmal fast aussichtslos scheinen, gibt es immer noch die rührige Clubszene. Hier gilt: Irgendeiner hat immer was. Oder kennt jemanden, der jemanden kennt …

Besonders teuer:

Die Preise für durchschnittlich erhaltene Fahrzeuge sind noch immer verlockend niedrig. Die Folgekosten können unter Umständen erschreckend hoch werden. Etwa, wenn ein neues Verdeck fällig wird, die Zylinderkopfdichtung erneuert werden muss oder der Auspuff (ab Kat) gewechselt wird (3400 Euro!). Auch defekte Motorkabelbäume sowie Störungen der Zünd- und Einspritzanlagen sind oft schwierig zu diagnostizieren und können empfindlich teuer werden.

Der Fünfliter-V8 war der „Volumenmotor" der Baureihe. Auch gebrauchte Ersatzteile zählen nicht zu den Raritäten.

3 Leben mit einem SL R 129

Ein Mercedes R 129 ist ein stilvoller Klassiker für zwei. Mehr passen auch nicht hinein. Zwar gab es gegen Aufpreis eine Rücksitzbank, die möchte man aber allerhöchstens nicht zu großen Kindern – und dann auch nur kurz – zumuten. Das Gepäckabteil schluckt die Reiseutensilien für zwei Personen, wenn sie es nicht übertreiben.

Den Ganzjahresbetrieb nehmen gepflegte Exemplare nicht krumm. Warum auch? Das stets zur Serienausstattung gehörende Hardtop eines SL schließt dicht und macht den Wagen allwettertauglich. Wer die Hohlräume zusätzlich – die Konservierung ab Werk war bereits sehr gut – mit Wachs oder Fett fluten lässt, ist für viele Jahre auf der sicheren Seite. Obwohl er so schnittig aussieht, ist ein SL in erster Linie ein Mercedes-Benz. Er wurde gebaut, um zuverlässig und komfortabel zu fahren.

Natürlich kann ein R 129 rosten, er kann auch hier und da mal ein technisches Gebrechen haben. Man darf nicht vergessen, dass er zu seiner Zeit ein Technologieträger und ein komplex aufgebautes Automobil war, aber: Mängel treten im Grunde nie versteckt auf. Die Schwachpunkte, ob an Karosse oder Technik, lassen sich meist mit vertretbarem Aufwand instand setzen – falls es sich nicht um ein verwahrlostes Fahrzeug handelt. Von dem sollten Sie dann aber generell die Finger lassen. Die Totalrestaurierung eines R 129 lohnt sich nicht. Dafür gibt es noch zu viele Gute auf dem Markt.

Mit welchem R-129-Modell Sie leben möchten, hängt von Ihrem Budget und Ihren Vorlieben ab. Stilvoll flanieren können Sie auch mit einem „kleinen" Sechszylinder, wobei die frühen Reihensechser wunderbar seidig laufen und den späteren V-Motoren vorzuziehen sind. Wer „Power unter dem Pedal" spüren möchte, für den ist ein Achtzylinder die richtige Wahl. Sie mögen es richtig exklusiv? Dann lautet die Antwort: SL 600. V 12. Keine Kompromisse.

Der Markt ist gut sortiert: Was Sie möchten, werden Sie finden! Es kann nur manchmal etwas länger dauern. Nehmen Sie sich ausreichend Zeit und kaufen Sie dann den besten Wagen, den Sie für Ihr Geld bekommen.

Benziger geht´s nimmer: Die Anordnung der Instrumente ist logisch und typisch für Mercedes der 80er und 90er. Im SL war der Innenraum besonders edel ausstaffiert.

Fehlfarbentraum: Almandinrot steht dem Roadster ausgezeichnet.

Die frühen Reihensechser gelten als Tipp, wenn es kein V8 sein muss. Sie bestechen mit seidigem Lauf.

Vollfettstufe: Der 600er mit V 12 und 394 PS war und ist die Krönung der Baureihe.

4 Relative Werte

Karosserie

Da fällt die Wahl leicht – es gibt nur eine Karosserievariante. Ein Mercedes SL ist ein zweisitziger Roadster. Punkt. Das werksseitig dick gefütterte und sorgsam vernähte Stoffverdeck wäre allein schon allwettertauglich, das serienmäßige Hardtop etwa im Winter zu nutzen, ist aber sicher sinnvoller. Die R-129-Karosserie ist enorm verwindungssteif konstruiert, da knarzt auch im Alter nichts.

Auch nach mehr als 20 Jahren knarzt da nichts. Der R 129 ist verwindungssteifer als manches Coupé.

Die Motoren

Das Gros des Angebots besteht aus Sechs- und Achtzylindermotoren. Kenner ziehen die frühen Reihensechser vom Typ M 103 (bis 1993) und M 104 (bis 1998) den späteren V6-Motoren (M 112, bis 2001) wegen des seidenweichen Laufs vor. Die Achtzylinder (M 119, ab 1998: M 113) sind aufgrund vergleichsweise geringer thermischer und mechanischer Belastung echte Langläufer, Zählerstände von 500.000 Kilometern sind keine Utopie.

Der Reihensechszylinder ist eine durchaus standesgemässe Motorisierung.

Damit sie diese hohen Laufleistungen erreichen, ist es ratsam, sich beizeiten um den Zustand der Duplex-Steuerkette samt ihrer Spanner und um die Nockenwellen inklusive der Schlepphebel zu kümmern. Ein Experte sollte den Motor öffnen und den Zustand speziell dieser Baugruppen prüfen und sie gegebenenfalls ersetzen. Fachleute raten ab einem Kilometerstand von etwa 250.000 Kilometern zu dieser Vorsorgemaßnahme. Der M 120 im 600 SL/ SL 600 hat zwölf Zylinder und 394 PS. Er ist ein Erlebnis für sich und will schon für den Werterhalt regelmäßig professionell gewartet sein. Besonders anfällig ist er nicht.

MOPF oder Serie? Ein Kosename löst Debatten aus

Den kurios klingenden Kosenamen „MOPF“ gibt es nur in der Mercedes-Szene! Es handelt sich um die flapsige Abkürzung der in regelmäßigen Abständen vom Werk durchgeführten Modellpflegemaßnahmen, bei anderen Herstellern „Facelift“ oder schlicht Überarbeitung genannt. Wenn Mercedes-Fans sich also über „MOPF“-Fahrzeuge („gemopfte“ oder „Möpfe“ ist auch gebräuchlich) unterhalten, meinen sie die Evolutionsstufen einer Baureihe. Ernsthaftere „Mercedologen“ schätzen die Abkürzung gar nicht und sprechen lieber von Serien. Wie dem auch sei: Die Baureihe R 129 unterteilt sich in drei Entwicklungsstufen: Serie 1 wurde von 1989 bis 1995 produziert, Serie 2 (MOPF1) von 1995 bis 1998. Die finale Evolutionsstufe (MOPF2) lief 1998 bis 2001 vom Band.

Die Serien unterschieden sich in erster Linie durch optische Retuschen. So wurden im Zuge der ersten Modellpflege 1995 Schweller und Stoßfänger neu gestaltet, der Kühlergrill erhielt sechs Lamellen, die vorderen Blinkergläser wurden zeitgeistig transparent und die Rückleuchten einheitlich rot ausgeführt.

Zudem wurden alle Kunststoffteile (Seitenbeplankung, Front- und Heckschürze) nun in Wagenfarbe und nicht mehr kontrastierend lackiert sowie mit neu gestalteten „Lamellen“ im

vorderen Bereich versehen. Auch gab es neue Felgendesigns, überarbeitete Außenspiegel und neu geformte Türverkleidungen nebst neuem Lenkrad. Optional gab es jetzt Xenon-Scheinwerfer und ein Hardtop mit Glas-Panorama-Dach.
1998 wurde der SL abermals aufgehübscht: Er bekam neue Außenspiegel, neue Seitenblinker und neue Leichtmetallräder. Zudem wurde das Design der Rücklichtgläser modifiziert (nur noch drei „Stege"). Front- und Heckschürzen sowie die Seitenbeplankung wurden hochglänzend in Wagenfarbe lackiert. Dazu gab es ein neues Lenkrad. In der gesamten Bauzeit wurde auch der Ausstattungsumfang immer wieder mal behutsam erweitert, zuvor aufpreispflichtige Komponenten gehörten dann zur Serienausstattung.
Wie alle Mercedes-Benz-Modelle jener Tage war auch der Roadster von der geänderten Nomenklatur der Modellreihen betroffen. Die zuvor angehängte Typenbezeichnung „SL" wurde ab 1993 der jeweils motorbezogenen Ziffernfolge vorangestellt, die gesamte Modellreihe nun als „SL-Klasse" bezeichnet. Im Zuge der zweiten Modellpflege 1998 gab es auch neue Sechs- und Achtzylinder-Motoren. Die Reihensechser M 103 und M 104 wurden durch V-Motoren (M 112) ersetzt, die Achtzylinder vom Typ M 119 mit 32 Ventilen vom neuen M 113 mit 24 Ventilen abgelöst.

An der Gestaltung der Rückleuchten erkennt man die Serien auf den ersten Blick. Das rote Fahrzeug entstammt der ersten Serie vor der Modellpflege, es trägt noch partiell orangefarben abgesetztes Riffelglas. Beim silberfarbenen SL ist die Rückleuchte einheitlich rot gefärbt, das Deckglas ist nur noch von drei Stegen unterbrochen. Es handelt sich um ein spätes Exemplar der dritten Serie (MOPF2).

Marktlage

Die nachfolgende Tabelle gibt einen guten Überblick über das Preisgefüge der verschiedenen Ausführungen in Deutschland, wie es sich bei Drucklegung dieses Ratgebers darstellte, ermittelt von Classic Data. Die Spezialisten für Fahrzeugbewertungen aus Bochum beobachten seit mehr als 25 Jahren den Markt für zwei- und vierrädrige Klassiker und bieten ein bundesweites Netz qualifizierter Kfz-Sachverständiger, die unter anderem Wertgutachten erstellen. Unter www.classic-data.de findet sich eine nach Postleitzahlen sortierte Liste der Classic-Data-Partner. In der Realität können die Preise jedoch abhängig von Ausstattung und Fahrzeughistorie variieren. Natürlich spielen Originalität und Zustand bei den zu erzielenden Preisen die größte Rolle.

Modell	Baumuster	Baujahr	Motor	Hubraum (cm^3)	PS/kW	Zustandsnote 1	2	3	4	5
300 SL	129.060	1989 – 1993	6R	2960	190/140	24.500	14.300	9300	6300	
300 SL-24	129.061	1989 – 1993	6R	2960	231/170	25.300	15.100	9600	6400	
500 SL	129.066	1989 – 1993	V8	4973	326/240	28.100	16.800	10.700	7100	
600 SL	129.076	1992 – 1993	V12	5987	394/290	29.500	17.600	11.200	7500	
SL 280	129.058	1993 – 1995	6R	2799	193/142	24.000	14.000	9100	6200	
SL 320	129.063	1993 – 1995	6R	3199	220/162	25.500	15.300	9700	6400	
500 SL	129.067	1993 – 1995	V8	4973	320/235	30.600	18.400	11.700	7700	
SL 500	129.067	1993 – 1995	V8	4973	320/235	30.600	18.400	11.700	7700	
SL 600	129.076	1993 – 1995	V12	5987	394/290	33.800	20.600	13.100	8500	
SL 280	129.058	1995 – 1998	6R	2799	193/142	24.800	14.600	9400	6300	
SL 320	129.063	1995 – 1998	6R	3199	231/170	25.800	15.600	9800	6500	
SL 500	129.067	1995 – 1998	V8	4973	320/235	32.700	19.700	12.500	8200	
SL 600	129.076	1995 – 2001	V12	5987	394/290	35.600	22.400	14.000	8900	
SL 280	129.059	1998 – 2001	V6	2799	204/150	25.100	14.900	9500	6400	
SL 320	129.064	1998 – 2001	V6	3199	224/165	26.100	15.900	9900	6600	
SL 500	129.068	1998 – 2001	V8	4966	306/225	33.100	20.100	12.700	8300	
SL 55 AMG	129.068	1999 – 2001	V8	5439	354/260		53.400	40.000	0	
SL 60 AMG	129.067	1993 – 1998	V8	5956	381/280		31.000	24.500	0	
SL 73 AMG	129.076	1999 – 2001	V8	7291	525/386		80.000	60.000	0	

5 Vor der ersten Inaugenscheinnahme

Die Goldene Regel für die Besichtigung lautet: Bleiben Sie gelassen! Zu große Begeisterung fürs Auto vernebelt die Sinne und den klaren Blick. Den aber brauchen Sie bei der Suche nach „Ihrem" R 129. Informieren Sie sich vorab über die Marktlage, studieren Sie Fachmagazine und versuchen Sie, ein Gefühl für die Preise zu bekommen. Sind Sie unsicher, nehmen Sie Kontakt zu einem der zahlreichen Clubs auf oder fragen Sie jemanden in Ihrem Bekanntenkreis, der Erfahrung mit älteren Fahrzeugen hat.
Viele der im Folgenden genannten Punkte haben beim Klassikerkauf allgemeine Gültigkeit und beziehen sich nicht ausschließlich auf den Mercedes R 129. Sie zu beachten, wird Ihnen also in jedem Fall helfen.

Wo steht das Auto?

Das Angebot an guten Exemplaren ist bundesweit recht groß, und eventuell steht Ihr vermeintlicher Traumwagen am anderen Ende der Republik. Dennoch lohnt es sich – bevor Sie eine mehrstündige Anreise in Kauf nehmen – zunächst den Markt rund um Ihren Wohnort, bis maximal 100 km Umkreis, zu sichten. Sie werden in jedem Fall eine Menge Fahrzeuge in den unterschiedlichsten Zuständen und Preiskategorien sehen und lernen, in welchem vernünftigen Verhältnis beides für Sie zueinander stehen sollte. Und wer weiß? Vielleicht wartet der R 129, den Sie zu finden hoffen, ja schon im Nachbarort.

Bei diesem Exemplar handelt es sich um ein Fahrzeug, dass von einem seriösen Händler angeboten wurde. Hier kann man davon ausgehen, dass es vor der Übergabe technisch überprüft und mit Gewährleistung ausgeliefert wurde.

Händler oder Privatverkäufer?

Inzwischen gibt es – neben den allseits bekannten „Kiesplatz-" oder „Fähnchenhändlern" – eine große Zahl von Betrieben, die sich auf den Handel mit klassischen Mercedes-Benz spezialisiert haben. Arbeiten diese seriös, finden Sie dort zumindest keinen rollenden Schrott. Der Händler steht ja auch in der Gewährleistungspflicht, was große Vorteile hat, und wird Ihnen daher ordentliche Ware verkaufen wollen. Die hat dann allerdings ihren Preis.
Gerade im Fall der Baureihe R 129 sind zuweilen eklatante Unterschiede zwischen gewerblichem und privatem Markt festzustellen – die nicht immer qualitativ zu rechtfertigen sind. Dann gibt es Händler, die sich auf den Import von Fahrzeugen aus Japan spezialisiert haben. Die locken häufig mit überdurchschnittlicher Ausstattung, vergleichsweise niedrigen Laufleistungen und sehr guten Pflegezuständen. Umstände, die so manchen Händler zu utopischen Preisforderungen veranlassen. Vorsicht! Auch, wenn der eine oder andere „Heimkehrer" substanziell gut ist, sind Preisaufschläge nicht immer gerechtfertigt.
Bleibt der Privatkauf ohne Netz und doppelten Boden. Entweder sollten Sie selbst in der Lage sein, den Zustand eines Fahrzeuges einigermaßen sicher zu beurteilen oder Sie nehmen zur Besichtigung jemanden mit, der das kann. Ein Restrisiko bleibt natürlich. Zu guter Letzt: Welchen Eindruck macht der Verkäufer? Haben Sie das Gefühl, dass er sein Auto gut kennt, und kann er entsprechende Belege vorweisen, ist das Risiko beim privaten Kauf schon besser überschaubar.

Für einen Strandausflug eignet sich ein SL immer. Damit er dabei auch morgen noch Freude bereitet, sollte er eine nachvollziehbare Historie mitbringen. Vereinzelt werden SL der Baureihe 129 von Vertragshändlern angeboten. Meist befinden sich diese Autos in überdurchschnittlichem Zustand und kosten entsprechend.

Kosten der Überführung

Übergibt der Verkäufer Ihnen das Auto angemeldet, brauchen Sie keine weiteren Kosten einzuplanen. Sie überführen ja auf eigener Achse und melden das Fahrzeug am Heimatort auf sich um. Erwerben Sie jedoch einen abgemeldeten PKW, gibt es zwei Möglichkeiten: Entweder Sie mieten sich einen Trailer (was natürlich nur dann geht, wenn Sie Zugriff auf ein mit Anhängerkupplung ausgerüstetes Zugfahrzeug haben) oder Sie beantragen eine Kurzzulassung (5-Tages-Kennzeichen). Dafür muss das Fahrzeug über eine gültige Hauptuntersuchung verfügen. Die Unterlagen bekommen Sie entweder von Ihrer Versicherung oder in der Zulassungsstelle. Bleibt als Alternative der Transport auf einem Trailer. Ein Anhänger kostet meistens nicht mehr als um 50 € pro Tag (Kaution einplanen!).

Besichtigung – wann und wo?

Auf jeden Fall bei Tageslicht und zumindest bei trockenem Wetter. So erkennen Sie optische (Lackschäden, Dellen) und technische (Öl- respektive Flüssigkeitsverlust) Mängel besser. Sollte eine Grube oder Hebebühne vorhanden sein, nutzen Sie unbedingt die Möglichkeit, den Unterboden des Kaufobjekts zu inspizieren.

Wenn Sie bei einem Händler kaufen, fragen Sie nach der Möglichkeit, das Auto auch von unten zu inspizieren. Ein seriöser Anbieter sollte Ihnen das nicht verwehren. Spitzen Sie beim Hochfahren der Bühne die Ohren! Die Auflagepunkte der Hebevorrichtung liften das Fahrzeug an den Wagenheberaufnahmen. Knirscht es, ist Vorsicht geboten.

Was ist der Grund für den Verkauf?

Lobt ein Verkäufer sein Auto in den höchsten Tönen, hat aber keine plausible Antwort auf die Frage, weshalb er es dennoch veräußern möchte? Dann sollten die Alarmglocken läuten! Versuchen Sie herauszufinden, wie viele Vorbesitzer das Auto hatte und wie schnell die einander abwechselten. Da ist es hilfreich, wenn der alte Fahrzeugbrief noch vorhanden ist. Es ist normal, dass ein mehr als 20 Jahre altes Fahrzeug in seinem Leben zwei oder drei Besitzer hatte. Sind es aber deutlich mehr und haben diese den Wagen immer nur wenige Monate lang besessen, hat das immer Gründe!

Allgemeiner Zustand

Auch da können Sie dem Verkäufer auf den Zahn fühlen: Kann er Ihnen Angaben machen, die über den Anzeigentext hinausgehen? Hat er Reparaturbelege und Rechnungen, eventuell Fotos? Je plausibler und umfangreicher Antworten und Unterlagen sind, desto besser.

Original oder getunt?

Das ist zunächst Geschmackssache. Zeitgenössisch „aufgebrezelte" Karossen können ihren Reiz haben. Fahrzeuge in gepflegtem Originalzustand sind in jedem Fall begehrter und somit teurer. Ausnahmen bestätigen aber die Regel: Eine AMG-Version, die man bei jeder MB-Niederlassung bestellen konnte, ist auf höchstem handwerklichen Niveau veredelt und nur in geringen Stückzahlen aufgelegt worden und damit durchaus reizvoll. „Baumarkt-Tuning" sollte man aber tunlichst meiden. Wenn es ein Tuningfahrzeug sein soll, ist es wichtig, dass alle Änderungen in die Papiere eingetragen oder deren Konformität mit entsprechenden ABE-Unterlagen nachweisbar sind.

Ein originales, unverbasteltes Auto ist grundsätzlich der bessere Kauf. Auch die massive Karosseriestruktur des R 129 leidet unter extremer Tieferlegung und monströsen Breitreifen.

Stimmen die Fahrzeugdaten?

Fragen Sie den Verkäufer unbedingt, ob der angebotene Mercedes frei von Ansprüchen Dritter ist (etwa einer Bank). Anhand der Fahrgestellnummer können Sie im Zweifel bei der Zulassungsstelle nachfragen, ob das Fahrzeug als gestohlen gemeldet wurde.

Die Sache mit dem Sprit

Alle Motoren der Baureihe R 129 können bedenkenlos mit E-10-Kraftstoff betrieben werden. Bedenken seitens der Mercedes-Benz AG bestehen nicht.

Versicherung

Ein SL war und ist ein recht kostspieliges Vergnügen. Die Versicherer stufen einen R 129, der als Alltagsfahrzeug eingesetzt werden soll, recht hoch ein. Für einen Youngtimer-Tarif kommen höchstens frühe R 129 in Betracht, da lohnt die Nachfrage bei Ihrer Assekuranz. Wer den edlen Roadster ohnehin nur in den Sommermonaten bewegen möchte, sollte eine Saisonzulassung erwägen. Damit lässt sich viel Geld sparen.

Wie kann ich bezahlen?

Privatgeschäfte sind meist Bargeschäfte, bei einem Händler können Sie den Kaufpreis in der Regel auch überweisen. Ein seriöser Kaufmann sollte sich darauf einlassen. Bestehen Sie in jedem Fall auf einen ordentlichen Kaufvertrag!

Kaufen auf einer Versteigerung?

Wenn Sie sich mit dem Gedanken tragen, Ihr Fahrzeug bei einer Auktion zu erwerben, lesen Sie unbedingt Kapitel 10! Bedenken Sie, dass Sie bei einer Auktion oft nur begrenzte Zeit zur Besichtigung haben, Probefahrten sind meist nicht möglich. Außerdem wird in der Regel ein so genanntes Aufgeld berechnet, das zum eigentlichen Kaufpreis hinzukommt. Und: Kaufen Sie nicht blind im Internet! Eine gewonnene Ebay-Auktion ohne vorherige Besichtigung des Objekts kann im Desaster enden.

Professionelle Überprüfung des Fahrzeugs

Wenn Ihnen das Fachwissen fehlt, den Zustand eines Fahrzeugs realistisch einzuschätzen, nehmen Sie zur Besichtigung einen Kenner mit. Alternativ können Sie mit dem Verkäufer vereinbaren, dass Sie das Fahrzeug in einer Kfz-Werkstatt oder bei einer Prüforganisation (TÜV, Dekra, GTÜ etc.) zum Gebrauchtwagen-Check vorführen dürfen. Wenn der Verkäufer nichts zu verbergen hat, sollte er Ihnen das nicht verweigern.

6 Inspektionsausrüstung

- **Dieses Buch**
- **Lesebrille (falls Sie eine benötigen)**
- **Magnet (ein schwacher reicht aus)**
- **Taschenlampe**
- **Kleiner Schraubendreher**
- **Mechanikeroverall**
- **Spiegel mit verlängerter Halterung**
- **Digitalkamera**
- **Einen Freund, möglichst einen mit Fachwissen**

Bevor Sie sich auf den Weg zu einer Probefahrt machen, sollten Sie eine kleine Ausrüstung zusammenstellen, die bei der Besichtigung hilfreich sein wird. Haben Sie keine Scheu, den anvisierten Jaguar gründlich zu untersuchen. Der Verkäufer soll ruhig sehen, dass Sie vorbereitet sind.
Vielleicht das wichtigste Hilfsmittel ist dieses Buch und die darin enthaltenen Checklisten. Vergessen Sie auf keinen Fall Ihre Lesebrille, sofern Sie eine benötigen, um etwas aus nächster Nähe zu inspizieren.

Ein **Magnet** entlarvt jeden Blender, dessen Karosserie zu weiten Teilen aus Spachtel besteht. Nur wo blankes Blech unter dem Lack liegt, bleibt der Magnet haften. (Vorsicht! Bei diesem Test nicht den Lack zerkratzen!) Dazu sollten Sie zunächst den jetzigen Besitzer nach reparierten Schäden fragen. Zumindest eine dünne Schicht Füllspachtel gehört nun einmal zu den meisten Karosseriereparaturen, auch einer professionellen. Das Fahrzeug sollte allerdings nur kleinflächige Spachtelungen aufweisen. Große Schäden werden vom Profi durch eingeschweißte Bleche behoben. Es spricht nichts gegen eine professionell ausgeführte Restaurierung. Allerdings sollte der Verkäufer mit offenen Karten spielen und diesen Umstand nicht verheimlichen.

Eine **Taschenlampe** bringt Licht in alle dunklen Bereiche eines Autos, und davon gibt's eine ganze Menge: Radhäuser, Fahrwerk, Unterboden, Motorraum und der Raum unter dem Armaturenbrett, um nur einige zu nennen.
Testen Sie mit einem kleinen **Schraubendreher** – aber vorsichtig! – verdächtig aussehende Bereiche des Unterbodens und der Karosserie um die Radhäuser herum. Auf diese Weise lassen sich möglicherweise unter dem Unterbodenschutz verborgene Durchrostungen finden. Wenn der Verkäufer Sie von dieser Untersuchung abhalten will, sollten Sie die Besichtigung abbrechen. Mit Sicherheit wird nämlich der Prüfer bei der nächsten HU genau auf diese Weise kritische Stellen kontrollieren.
Speziell wenn keine Möglichkeit besteht, das Auto auf eine Hebebühne zu fahren, sollten Sie darauf vorbereitet sein, sich auf den Boden zu legen. Nehmen Sie deshalb einen **Mechanikeroverall** mit, den Sie über die normale Kleidung ziehen können. Genau in diesem Fall ist auch ein kleiner **Spiegel** hilfreich, der entweder auf einer kleinen Teleskopstange oder am Ende eines Stocks befestigt ist. Mit seiner Hilfe können Sie unter dem Auto – oder im Motorraum – Bereiche von Fahrwerk und Auspuff kontrollieren, die dem Blick ansonsten verborgen bleiben.
Fotografieren Sie Teile und Fahrzeugkomponenten, bei denen Sie sich nicht sicher sind. So können Sie später in aller Ruhe in Büchern oder bei Experten zusätzlichen Rat einholen. Überhaupt ist es ratsam, einen Freund zur Probefahrt mitzunehmen, idealerweise einen mit Mechanikerkenntnissen. Eine zweite Meinung – die mangels eigenen Interesses vielleicht sogar objektiver ist als Ihre eigene – ist bei einem Autokauf nie schädlich.

7 15-Minuten-Prüfung

Lohnt sich eine genauere Inspektion?

In einer Viertelstunde werden Sie nicht beurteilen können, ob der blecherne Kandidat tatsächlich der lange gesuchte Freund fürs Leben ist. Manche Mängel erkennen weder der ehrlichste Verkäufer noch der pfiffigste Interessent, manche Fehler entwickeln sich schleichend. Schließlich reden wir hier über ein Fahrzeug, das im Schnitt 20 Jahre alt ist. Sie tun in jedem Fall gut daran, niemals von einem perfekten Zustand auszugehen. Wenn das Auto mit diesen Worten angepriesen wird, gleich gar nicht. Die folgende Checkliste gibt Ihnen zumindest einige Anhaltspunkte, ob sich die intensivere Beschäftigung mit dem Objekt der Begierde lohnt.

Diese Perspektive gibt Aufschluss darüber, ob die Frontpartie Stöße abbekommen hat. Hier sitzt alles akkurat, der Übergang zwischen Stoßfänger und Kotflügel verläuft ohne Versatz und ist rostfrei.

Optik/Karosserie:

Es sollte selbstverständlich sein, dass die Besichtigung eines Fahrzeuges bei mindestens trockenem, besser sonnigem, Wetter stattfindet. Nur so erkennen Sie rasch, ob partielle Nach- oder Neulackierungen stattgefunden haben. Farbunterschiede zwischen Türen, Kotflügeln und Hauben – und seien es nur Nuancen – hat es ab Werk nicht gegeben! Auch schiefe oder weit klaffende Spalten nicht. Abschürfungen am Kunststoff der Stoßfänger, Schürzen oder Seitenbeplankungen können durchaus als „Kampfspuren" eines Alltagsfahrzeuges durchgehen. Sind die Anbauteile allerdings gerissen, gebrochen oder auffällig verformt, sollte man der Sache auf den Grund gehen. Möglicherweise steckt der eigentliche – und weitaus größere – Schaden dahinter.

Als nächstes geht es auf die Suche nach Rost. Werfen Sie zuallererst einen Blick auf alle vier Wagenheberaufnahmen. In den Schwellern unweit der Radhäuser finden sich pro Seite zwei Abdeckungen aus Kunststoff, die Sie mit einem flachen Schraubendreher oder einem Schlüssel vorsichtig öffnen können. Sind die Aufnahmen darunter deutlich von Rost gekennzeichnet, können Sie davon ausgehen, dass auch die Schweller von Korrosion befallen sind. Wenn Sie jetzt keinen „Schweißer-Gott" kennen, können Sie die Besichtigung beenden. Auch, wenn es dafür Reparaturbleche in allen Qualitäts- und Preisstufen gibt: Die Instandsetzung ist recht aufwändig und wird teuer.

Selbsternannte Spezialisten schweißen die Wagenheberaufnahmen auch kurzerhand zu. Auf solche halbgaren Basteleien sollten Sie sich keinesfalls einlassen!

Ob die im Spritzwasserbereich liegenden Kotflügelkanten vorn und hinten bereits Blasen werfen, erkennt man schnell. Auch eine gammelnde Abschleppöse, von der aus sich die Korrosion schlimmstenfalls auf das Heckblech

Der Blick auf die Wagenheberaufnahmen durch Abheben der Deckel ist obligatorisch! Hier sitzt ein wenig Oberflächenrost um die Aufnahme, was nicht dramatisch ist.

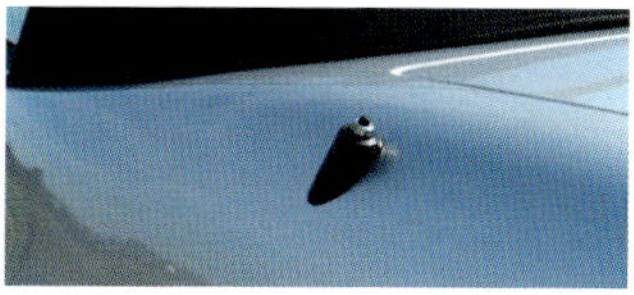

Rund um den Antennensockel kann sich mit den Jahren Rost entwickeln, wenn die Gummitülle nicht mehr dicht schließt. Rechtzeitig erkannt und beseitigt, brennt dort nichts an.

Unter der Batterie kann sich unbemerkt ein Feuchtbiotop gebildet haben, was das Bodenblech mit der Zeit perforiert. Heben Sie bei der Besichtigung den Akku an und schauen Sie darunter nach.

Der Verdeckkasten respektive seine Dichtung versprödet im Alter, was die Korrosion fördert. Deshalb gehört die Kontrolle dieser Dichtung zum Pflichtprogramm.

Mitunter rosten die Unterkanten der langen Türen, was durch die aufgesetzten Kunststoffverkleidungen lange unentdeckt bleiben kann. TÜV-relevant ist das nicht. Aber unschön.

übertragen kann, ist rasch enttarnt. Versäumen Sie nicht, die Bereiche rund um das Antennenloch und die Seitenblinker (in der ersten Serie nur gegen Aufpreis verbaut) zu inspizieren. Die Dichtungen härten mit den Jahren aus. Haben sich etwa rund um den Antennenfuß bereits Blasen gebildet, ist es zumindest nicht auszuschließen, dass sich Regenwasser seinen Weg in die Seitenwand gesucht hat und dort einen Rostherd bildet.

Schauen Sie sich unbedingt auch das Batteriebodenblech (der Akku ist im Kofferraum montiert) an. Aggressive Batteriesäure oder Undichtigkeiten im Bereich des Verdeckkastens können dazu führen, dass sich im Verborgenen ein Feuchtbiotop gebildet hat.

Auch der Verdeckkasten selbst respektive die umlaufende Rinne kann rosten, wenn die Dichtung ihrer Aufgabe nicht mehr nachkommt. Die Unterkanten der großen Türen können von Gilb befallen sein, auch wenn dies meist nicht dramatisch ist. Generell hat die Modellreihe R 129 die Rostprobleme im Zusammenhang mit der Umstellung auf Wasserbasislacke im Jahr 1993 erstaunlich gut weggesteckt. Der technische Bruder W 124 hatte ungleich mehr damit zu kämpfen. Abschließend sollten Sie unbedingt noch Vorder- und Hinterachsaufnahmen auf Korrosion überprüfen. Durch den werksseitig dick aufgetragenen Unterbodenschutz bleiben Schäden lange verborgen, können aber im Ernstfall gefährlich werden! Knackt es vernehmlich beim Öffnen und Schließen der Türen – die Portale sind sehr schwer – sind meistens die Türfangbänder „fertig". Eine Reparatur, die gerne mal aufgeschoben wird. Allzu lange sollte man damit aber nicht warten, irgendwann blockiert die Tür und lässt sich nicht mehr schließen.

Überprüfen Sie den Unterboden genau, der werksseitig aufgetragene Unterbodenschutz war so zäh, dass er Schäden lange verdeckt.

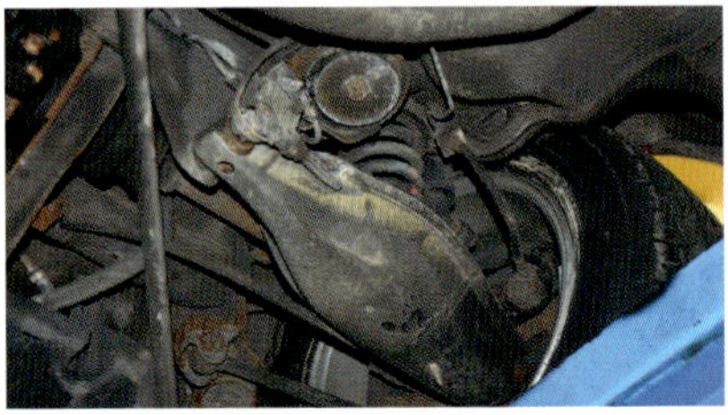

Besonders Vorder- und Hinterachsaufnahmen sollten intakt sein, Schäden sind sicherheitsrelevant!

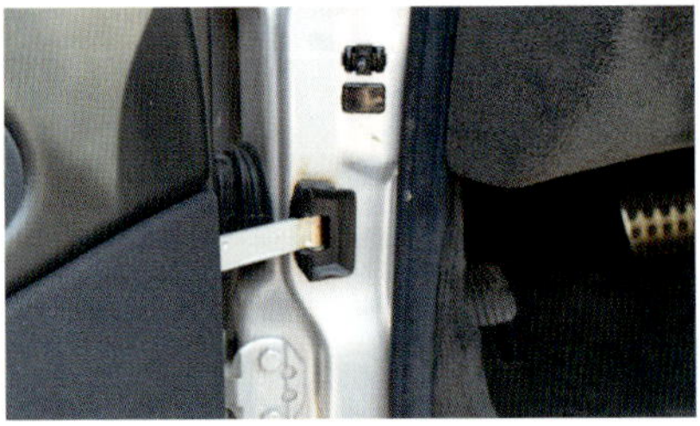

Wenn das Türfangband knackt und die Tür beim Öffnen und Schließen leicht „ruckt", sollte man das Fangband vorsorglich tauschen lassen. Im Defektfall lässt sich die Tür nicht mehr schließen.

Verdeck/Hardtop:

Das Stoffverdeck besteht aus mehreren miteinander vernähten Stoffbahnen. Mit den Jahren können sich die Nähte lösen und Feuchtigkeit durchlassen. Generell altert der Verdeckstoff, was kaum zu verhindern ist. Milchränder um die Fenster sollten Sie stutzig machen. Gibt es Einbruchsspuren oder dilettantische Reparaturversuche am Verdeckstoff? Ein neues Verdeck ist mit rund 6000 Euro in der MB-Niederlassung kein billiges Vergnügen. Das spart sich mancher Vorbesitzer lieber und „pfuscht" selbst herum.

Fragen Sie den Verkäufer nach dem originalen Hardtop, es gehört zum Auto! Lassen Sie sich nichts anderes einreden. Zwischen 1991 und 1993 bestand die Möglichkeit, das Hardtop gegen Minderpreis abzubestellen, was aber kaum in Anspruch genommen wurde. Fehlt es, rechtfertigt das einen deftigen Preisnachlass. Auch das im Kofferraum untergebrachte Windschott sollte vorhanden und intakt sein.

Innenraum:

Wenn Sie die Fahrertür öffnen, fällt Ihr erster Blick auf die Außenwange des Fahrersitzes. Das ist auch gut, denn meistens ist sie abgewetzt oder völlig durchgescheuert. Was nicht zwangsläufig ein Indiz für ein „abgerocktes" Fahrzeug sein muss. Ausschlaggebend sind in dem Zusammenhang folgende Faktoren: Abnutzungsspuren auf den Pedalen, dem Lenkrad (Wie sehen die Nähte aus? Wirkt der Kranz speckig, rissig?) und dem Schaltknauf. Passt der Gesamteindruck der Innenausstattung zum Tachostand und zum Baujahr? Sind die Polster der Sitzanlage noch einigermaßen straff oder wirken sie durchgesessen, gibt es Wasserflecken (unbedingt auch unter die vorderen Bodenteppiche schauen!)? Ungepflegtes Leder wirft Falten, wirkt trocken und rissig. Lassen Sie den Innenraum auf sich wirken und checken Sie die technische Ausstattung. Funktionieren alle Taster und Schalter? Lüftung, Heizung, Klimatisierung, Fensterheber, E-Verdeck, Überrollbügel?

Checken Sie die Funktion des elektrohydraulischen Verdecks. Es gehört nicht zu den schnellsten, sollte sich aber innerhalb einer vertretbaren Zeitspanne öffnen und schließen. Und das bitteschön leise! Übermäßige Knack- und Knarzgeräusche aus dem „Gebälk" sind ungewöhnlich, ebenso laut jaulende Motoren. Prüfen Sie auch, ob sich der Überrollbügel auf Tastendruck aufklappen lässt.

Fast schon zum „Normalbefund" bei betagten Mercedes-Benz gehört, dass Teile der Armaturenbeleuch-

Beobachten Sie die Elektrohydraulik des Verdecks genau. Defekte kommen teuer!

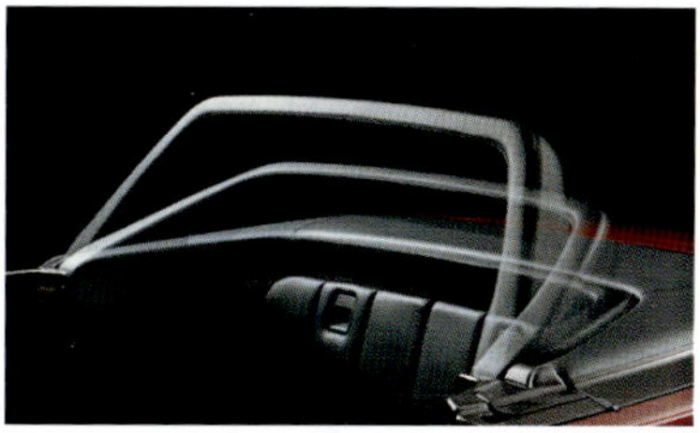

Der Überrollbügel lässt sich auch auf Knopfdruck aufstellen. Überprüfen Sie, ob das funktioniert.

Sitzmemory ist eine feine Sache. Wenn es funktioniert.

Der Kombihebel für Blinker, Wischer und Fernlicht ist als Ersatzteil teuer. Checken Sie alle Funktionen.

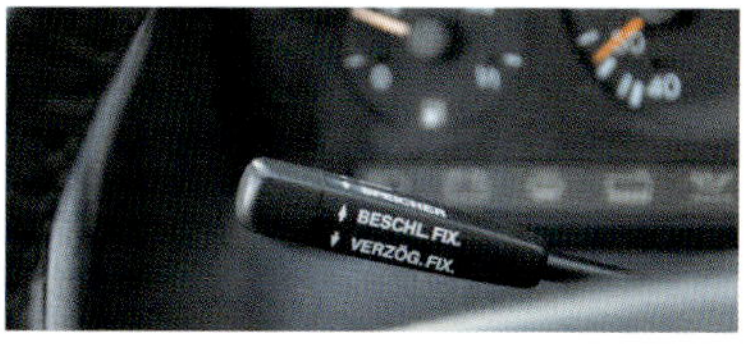

Der Tempomat ist ein wunderbares Komfortfeature. Testen Sie ihn bei der Probefahrt.

tung ausgefallen sind. Entweder im Kombiinstrument oder im Bereich der Heizungs- und Lüftungsregelung. Das ist kein Anlass zur großen Sorge, geschickte Hobbyhandwerker können das selbst beheben. Die entsprechenden Lämpchen haben einen Stecksockel, müssen also nicht gelötet werden. Weitere potenzielle Fehlerquellen stecken im Kombihebel für Blinker, Fernlicht und Wischerfunktion.
Hin und wieder fährt die automatische Radioantenne nicht mehr aus. Oder nicht mehr ein. Das ist lästig, aber kein wirkliches Problem. Das Originalersatzteil des Erstausstatters Hirschmann ist nach wie vor verfügbar, mit Preisen um 200 Euro (ohne Montage) allerdings nicht ganz billig.

„Erstserien"-Leder gilt als besonders robust. Damit es nach deutlich über 20 Jahren noch so appetitlich aussieht, will es regelmäßig gepflegt sein.

Technik:

Steht das Auto noch auf der Hebebühne? Gut! So können Sie sich, bevor Sie es wieder hinablassen, noch das Reifenprofil und das Alter der Reifen, den Zustand der Hardyscheiben (Risse?) und der Gelenkwelle sowie den von Bremsscheiben und -belägen ansehen. Soweit alles in Ordnung? Dann kann die Fuhre wieder auf den Boden.
Öffnen Sie die Motorhaube und prüfen Sie das Kühlwasser und den Deckel des Öleinfüllstutzens: Befinden sich ölige Schlieren im Wasserbehälter, riecht es daraus ölig oder verbrannt? Ist der Öldeckel an seiner Unterseite schaumig oder hat er weißliche Spuren? Können Sie eine der Fragen bejahen, hat sich mit Sicherheit die Zylinderkopfdichtung verabschiedet oder steht kurz vor dem Kollaps.
Soweit sichtbar, sollte man das gesamte Kühlsystem nach Undichtigkeiten absuchen. Helle Flecken an Schlauchverbindungen, Schläuchen oder am Kühler selbst können Spuren ausgetretenen Kühlmittels sein. Riecht es im Motorraum stark nach Benzin, können Kraftstoffleitungen leck sein.
Natürlich sind vollkommen ölverschmierte Aggregate nicht unbedingt ein gutes Zeichen – eine blitzblanke 300.000-Kilometer-Maschine aber unter Umständen auch nicht. Wenn der Motor nach Arbeit aussieht, aber nirgendwo nässt, ist in der Regel alles gesund. Nun empfiehlt es sich, das Aggregat anzuwerfen und ihm bei der Arbeit zuzuhören – und zwar im kalten und nach einer Probefahrt noch einmal im warmen Zustand. Läuft es harmonisch und ohne auffällige Klapper- und Klackergeräusche? Schleift etwas? „Sägt" die Maschine im Leerlauf? Sollte der Keilriementrieb Geräusche von sich geben, ist das unverdächtig und schnell zu beheben.

Bei der Kontrolle des Unterbodens offenbaren sich auch defekte Brems-, Kraftstoff- oder Hydraulikleitungen sowie Schäden an der Auspuffanlage.

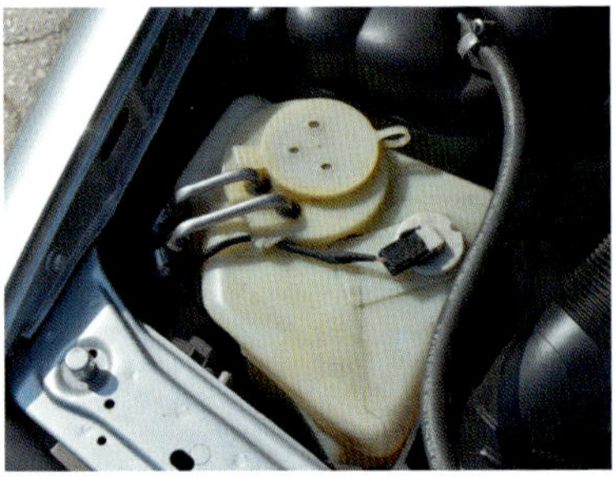

Der Waschwasserbehälter ist mit einem „Tauchsieder" beheizt, wie auch Wischwasserleitung und Spritzdüsen beheizt sind. Leicht reparierbar, sollte aber dennoch funktionieren.

Während der Probefahrt gilt: Ohren spitzen! Wummern die Räder oder summt es vernehmlich bei Kurvenfahrt? Entweder verkündet ein Radlager sein baldiges Ableben, die Achsgeometrie ist verstellt oder die Räder haben eine Unwucht. Nichts, was man nicht beheben könnte. Aber: Lange warten sollte man damit nicht. Die Schaltvorgänge des Automatikgetriebes sollten sanft erfolgen und die Schaltpunkte exakt eingehalten werden.
Haben Sie das Gefühl, dass der Wandler auffällig lange braucht, um die nächste Fahrstufe einzulegen, stimmt in der Regel etwas nicht. Dabei muss es sich nicht unbedingt um einen kapitalen Getriebeschaden handeln! Mitunter sind schlicht ein Wechsel des Getriebeöls und das Reinigen der Filtersiebe überfällig. Auch, wenn Werkstätten gerne erzählen, dass dies nicht nötig sei: Doch, ist es. Der Wagen fährt danach garantiert komfortabler.
Mercedes-typisch gilt es, die Funktion der Fußfeststellbremse zu kontrollieren. Ihr Pedalweg sollte nicht allzu lang sein und sie sollte das Fahrzeug auch am Berg, ohne eingelegten Gang, sicher halten können. Ist das mal nicht so, lässt sie sich indes gut nachstellen, was selbst in einer Fachwerkstatt nicht teuer ist. Zu guter Letzt prüfen Sie bitte noch das Lenkspiel. Bei einem betagten Mercedes ist es in Maßen normal, dass es sich vergrößert. Übermäßig ausgeleiert wirken sollte die Lenkung aber nicht

Fazit:

Vermutlich haben Sie für all diese Punkte doch länger gebraucht als 15 Minuten. Aber es handelt sich um gut investierte Zeit, die im Zweifel bares Geld spart.

Bei diesem Fahrzeug sieht der Kühler intakt aus. Defekte Thermoschalter und Viskokupplungen können zur Folge haben, dass die Motorlüfter nicht anlaufen. Dies überprüfen Sie am besten nach einer ausgiebigen Probefahrt.

Zum Basischeck eines Gebrauchtfahrzeugs gehört die Ölkontrolle.

Verdächtig dunkle Bremsflüssigkeit ist vermutlich zu lange nicht getauscht worden, was dann dringend erfolgen sollte.

Ausstattungsabhängig kann die Mittelkonsole recht viele Funktionstasten aufweisen, die Sie alle durchtesten sollten. Bei dieser Gelegenheit sehen Sie dann auch gleich, in welchem Zustand sich das Holzfurnier befindet.

Der „P"-Hebel löst die herstellertypische Fußfeststellbremse. Wichtig ist, sie regelmäßig zu benutzen.

8 Die wichtigsten Problemzonen

Einige der neuralgischen Punkte, die für die Zustands-Beurteilung entscheidend sind, wurden bereits im vorhergehenden Kapitel erwähnt. Hier sind sie noch einmal zusammengefasst.

Karosserie allgemein:

Gibt es Hinweise auf Unfallschäden? Farbunterschiede, schiefe Spaltmaße? Rost an und um die Wagenheberaufnahmen herum schwächt die Karosseriestruktur, da in den meisten Fällen bereits die Schweller befallen sind. Auch die dem Spritzwasser ständig ausgesetzten Kotflügelkanten können Blasen werfen. Eine gammelige Abschleppöse kann – muss aber nicht – Korrosion auf das Heckabschlussblech übertragen haben. Die Bereiche rund um die Seitenblinker und den Antennenfuß leisten Rostbildung Vorschub, wenn die Dichtungen ausgehärtet sind und ungehindert Wasser eindringen kann. Die Rinne um den Verdeckkasten gammelt ebenfalls unter einer porösen Dichtung durch, dann kann sogar Wasser in den Kofferraum gelangen. Dort unbedingt das Blech unter der Batterie kontrollieren. Hin und wieder zeigen die Türunterkanten Rost.

Front:

Gibt es Steinschlagschäden auf Motorhaube, Frontmaske, Kühlergrill? Ist der Kühlergrill beschädigt? Sind Kunststofflamellen gebrochen? Fährt die Lasche zum Öffnen der Haube problemlos heraus? Ist der Stern vorhanden, sitzt er schief? Wie sehen Reflektoren und Streuscheiben der Scheinwerfer aus? Auch die Nebelscheinwerfer sollten kontrolliert werden. Sie sind in der Frontschürze recht tief über der Straße montiert, Beschädigungen nicht selten. Ruheposition des Einarm-Scheibenwischers überprüfen: Er versenkt sich vollständig hinter dem Rand der Motorhaube.

Heck:

Unterkante der Heckklappe und den Bereich um Griff, Kennzeichenleuchten und Schloss auf Rost kontrollieren. Funktionieren die Kennzeichenleuchten? Befindet sich das Warndreieck in seiner Halterung, und ist die Halterung selbst intakt? Ist der Kofferraum feucht oder riecht er muffig? Teppich am Gepäckabteil anheben und den Zustand der Reserveradmulde kontrollieren: Ist sie verzogen oder finden sich auffallende Schweißnähte

Hinter diesen Kunststoffklappen (es gibt vier davon) finden sich die Wagenheberaufnahmen. Sind sie von Rost unterwandert, ist mit Sicherheit auch bereits der Schweller befallen.

Ein SL ist ein schnelles Auto, Steinschläge an der Front nicht selten. Kontrollieren Sie hier auch gleich den Zustand von Kühler, Lüftern und Hupe.

Die tiefliegenden Nebelscheinwerfer sind Steinschlag besonders stark ausgesetzt. Dass sie so gut aussehen wie hier, ist eher die Ausnahme.

Das (vollwertige) Ersatzrad fristet oft ein unbeachtetes Leben und ist nicht selten völlig überaltert. Im Notfall hilft das dann nix mehr.

am Kofferraumboden? Bei Fahrzeugen mit Anhängerkupplung: Wie sieht der elektrische Anschluss aus?

Die Unterkante der Heckklappe, der Bereich um das Schloss sowie die Karosseriefugen unter den Rücklichtern sind rostgefährdet. Hier ist alles okay.

Verdeck/Hardtop:

Welchen Eindruck machen das Stoffverdeck und seine Nähte? Gibt es offensichtliche Beschädigungen oder Milchränder um die Scheiben? Weisen die Stoffbahnen Farbabweichungen untereinander auf? Falls ja, ist das Verdeck in der Vergangenheit möglicherweise repariert worden. Ist es dicht? Test mit Wasserschlauch oder in der Waschbox. Lässt es sich problemlos und leise öffnen und schließen? Lässt sich der Überrollbügel auf Tastendruck aufstellen? Ist das Hardtop vorhanden und unbeschädigt?

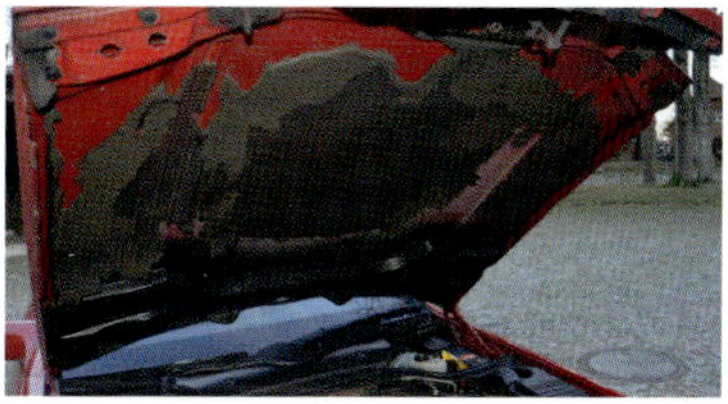

Die Motorraumdämmatten sind geklebt. Bei der HU gelten angegammelte schon mal als Mangel. Ersatz ist simpel und nicht sehr teuer.

Motorraum:

Ist der Motor auffallend verdreckt oder zu sauber für seine Laufleistung? Beides ist verdächtig. Ein kleiner Ölfilm rund um den Öleinfüllstutzen ist normal, größere „Kleckereien" indes nicht. Ist das Kühlwasser ölig oder riecht es verbrannt? Ist der Deckel des Öleinfüllstutzens an seiner Unterseite schaumig oder weißlich-klebrig? Falls ja, könnte das auf eine verendete Zylinderkopfdichtung schließen lassen. Helle Flecken an Kühlschläuchen und am Kühler selbst können auf Flüssigkeitsverlust hindeuten. In welchem Zustand ist die Motorraumdämmmatte (eventuell Marderschaden)? Sind alle Flüssigkeitsbehälter ausreichend befüllt, dicht und gibt es Nachweise über den jüngsten Wechsel? Gibt es lose Kabel oder Schläuche im Motorraum?

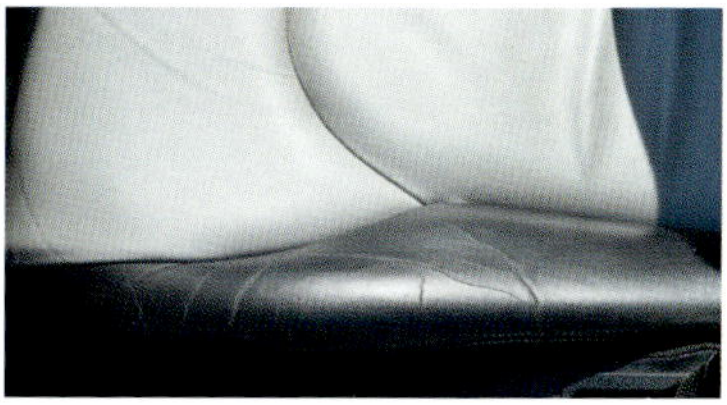

Ein Vordersitz, dessen Wange nicht wenigstens eine Falte hat, wurde wohl noch nie benutzt. Dieser Sitz geht als „fein patiniert" durch.

Innenraum:

Passt der Zustand des Innenraums zur genannten Laufleistung und zum Baujahr? Ist die türseitige Sitzwange des Fahrersitzes verschlissen? Lenkradkranz „glatt"? Pedale abgetreten, Schaltknauf abgegriffen? Schalter-, Tastersymbole abgewetzt? Beleuchtung der Armaturentafel funktionsfähig? Kontrollleuchten und Sonderfunktionen intakt? Wasserflecken im Innen- oder im Fußraum? Möglicherweise hat der Wagen einmal mit offenem Verdeck im Regen gestanden.

Dieser Unterboden trägt Oberflächenrost. Ein Anlass, hier und da einmal ein wenig zu drücken oder zu kratzen. Die Aggregate sind trocken, das ist gut.

Unterboden:

Zustand aller Leitungen (Benzin, Bremsen, Hydraulik) prüfen. Sind die Bremsschläuche porös? Sind Traggelenke, Querlenker, Vorderachsfedern und Achsaufnahmen ohne Befund und die Hinterachslager sowie die Stoßdämpfer intakt? Sind Abnutzung von Bremsscheiben und Belägen sowie Profilbild und Alter der Reifen tolerabel? Hardyscheiben und Gelenkwelle prüfen. Zustand der Auspuffanlage und des Katalysators? Genereller Zustand des Unterbodens: Kein auffallend dicker oder frischer Unterbodenschutz (falls doch, warum?).

9 Realistische Bewertung

Vergeben Sie in den einzelnen Kategorien je nach Zustand die entsprechende Punktzahl (1-4), während Sie den Wagen untersuchen. Dabei bedeuten:

++	**(4 Punkte)**	**perfekter Zustand**
+	**(3 Punkte)**	**guter Zustand**
0	**(2 Punkte)**	**restaurierungs- oder reparaturbedürftiger Zustand**
-	**(1 Punkt)**	**schwere Mängel**

Die Auswertung der Gesamtpunktzahl wird am Ende des Kapitels erklärt. Seien Sie bei der Beurteilung realistisch und lassen Sie sich nicht von der ersten Euphorie blenden, wenn Sie einem vermeintlichen Top-Auto gegenüberstehen – ein kühler Kopf kauft selten Schrott! Nehmen Sie sich Zeit und untersuchen Sie das Fahrzeug gründlich. Hektik und Nachlässigkeit werden meist mit teuren Reparaturen bestraft! Tipp: Nehmen Sie einen Magneten mit, um Spachtelstellen ausfindig zu machen. Eine Taschenlampe, ein Profiltiefenmesser, ein Schraubendreher und ein kleiner Spiegel sind ebenfalls nützliche Helfer.

Äußerer Zustand/Erster Eindruck

++	+	o	–
4	3	2	1

Zunächst sollten Sie die Fahrzeugbesichtigung ausschließlich bei trockenem Wetter vornehmen. Nässe und schlechtes Licht verfälschen den optischen Eindruck enorm. Wenn die Sonne scheint – noch besser! Umrunden Sie das Auto langsam und betrachten Sie es aus allen Perspektiven genau. Steht der Wagen gerade oder hängt er an einer Ecke oder Achse auffallend herab? Ist er innen und außen sauber und in originalem Zustand? Riecht der Innenraum unangenehm oder ist er vergilbt und verdreckt? Hören Sie ruhig auf Ihr Bauchgefühl, der erste Eindruck ist oft der Richtige.

Perfektes Besichtigungswetter! Besser können Sie ein Fahrzeug gar nicht überprüfen. Dieses Exemplar macht beim ersten Rundgang einen sehr guten Eindruck, kleine Schwächen offenbaren sich erst im Detail. Der dunkle Lack zeigt Spuren der Jahre, die Hinterräder stehen ungewöhnlich weit außen. Kein Wunder: Der Vorbesitzer hat aus optischen Gründen Spurverbreiterungen montiert. Das kann man so lassen. Wichtig ist, dass die Veränderung in die Fahrzeugpapiere eingetragen ist.

Die Rückleuchtengrafik weist dieses Auto als frühes Exemplar der Baureihe aus. Der Heckstoßfänger wurde schon einmal nicht sehr professionell beilackiert. Der Innenraum präsentiert sich in gutem Zustand, das Leder „lässig-patiniert", was aber durchaus charmant ist. Weit wichtiger: Es gibt keine Feuchtigkeitsspuren oder andere gravierende Beschädigungen.

++	+	o	–
4	3	2	1

Farbkombination / Fehlfarben

Farbkombinationen sind bei der Baureihe R 129 so eine Sache, es gab – aus heutiger Sicht – sehr skurrile Variationen. Die vom Werk angebotenen „Designo"-Individualisierungen, einst empfindlich teuer, trugen das Ihre dazu bei. Viele haben überlebt und rechtfertigen heute nicht mehr unbedingt einen Preisabschlag. Im Gegenteil: Um die so genannten Fehlfarben – wozu auch Beryll und das recht verbreitete Almandinrot zählen – formiert sich inzwischen eine eigene Fanszene. Es gilt: Wenn Ihnen die Farbe gar nicht gefällt, suchen Sie lieber weiter. Der Markt hält (noch) ausreichende Vielfalt bereit.

Almandinrot war in den Neunzigern gar nicht unbeliebt, gilt vielen heute aber als zu „knallig", namentlich mit ebenfalls rotem Interieur. Manche Fans suchen gezielt nach solchen Kombinationen.

++	+	o	–
4	3	2	1

Lack

Beim Lack eines mehr oder weniger deutlich über 20 Jahre alten Autos ist bei weitem nicht alles in Ordnung, was noch halbwegs glänzt. Bei der Suche nach Ihrem Traum-129er werden Ihnen schlampig ausgeführte Reparaturen und alte Unfallschäden, nur notdürftig verdeckende „Verkaufsduschen" genauso begegnen wie ordentliche und rostfreie Ersthandfahrzeuge, bei denen noch nie eine Nachlackierung erforderlich war.

Konzentrieren Sie sich bei der Begutachtung des Lacks vor allem auf Blasenbildung an Falzen, Kanten und Karosserieübergängen. Entdecken Sie solche Aufwürfe, gehen Sie davon aus, dass der eigentliche – und deutlich größere – Schaden dahinter verborgen ist. Je nachdem, an welchen Stellen Sie derartige Blasen entdecken, sollten Sie jemanden hinzuziehen, der sich mit Karosseriereparaturen auskennt und den Aufwand abschätzen kann. Schrammen und kleinere Macken können Sie dagegen unter Schönheitsfehler abhaken und bei Gelegenheit beheben lassen.

Aus dieser Perspektive ist zu erkennen, ob die Fahrzeugseite Unebenheiten aufweist, etwa durch unsachgemäße Spachtelarbeiten oder verzogene Bleche. Generell verdienen Karosserieübergänge, Fugen und Spaltmaße den zweiten oder gar dritten Blick. Schiefe Passungen gab es ab Werk nicht! Schief sitzende Leuchten sollten skeptisch machen.

Karosserie, vor allem Türen und Hauben

++	+	o	–
4	3	2	1

Betrachten Sie die Karosserie als Ganzes und denken Sie daran: Ungleiche Spaltmaße sowie hängende Türen und Hauben gab es bei der Baureihe R 129 ab Werk nicht! Die Fahrzeuge waren sehr penibel montiert. Schlecht schließende Hauben und Türen sowie schiefe Passungen sollten daher stets Anlass für weitere Nachforschungen sein. Fast immer wird ein früherer Unfallschaden die Ursache sein, was in jedem Fall Grund genug für einen deutlichen Preisnachlass ist.

Bei Fahrzeugen, die viele Jahre im Autobahnbetrieb unterwegs waren, werden Steinschlagspuren rund um die Scheinwerfer und auf der Motorhaube vorhanden sein. Sind sie es nicht, könnte es sein, dass der Wagen neu lackiert wurde. Fragen Sie auch in diesem Fall nach dem Grund. Kratzer rund um Türschlösser und Griffe sind normal.

Sitzen die langen Türen in einer Flucht mit Front und Heck? Bei offenem Verdeck erkennt man das besser.

Fährt der Haubenöffner aus dem unteren Teil des Sterns problemlos aus? Hat Steinschlag die Front in Mitleidenschaft gezogen?

Stoßfänger und Radlauf sollten sauber fluchten. Sind die Vorderreifen ungleich abgefahren, ist die Achsgeometrie verstellt.

Aus dieser Perspektive noch einmal: Sitzt die Tür gerade, schließt sie bündig?

Unterboden

++ + o –

4 3 2 1

Wenn Ihnen bei der Besichtigung eine Grube oder Hebebühne zur Verfügung steht, sollten Sie von dieser Möglichkeit unbedingt Gebrauch machen! Halten Sie Schraubendreher, Taschenlampe und Spiegel bereit. Wo auf den ersten Blick alles prima aussieht, kann der werksseitig sehr dick aufgetragene und ungemein zähe Unterbodenschutz aus PVC Schäden sehr lange verstecken.
Fallen Ihnen also am Unterboden irgendwelche Ungereimtheiten auf – das können Bläschen oder Flugrost sein – sollten Sie an dieser Stelle vorsichtig drücken oder mit dem Schraubendreher klopfen. Mit an Sicherheit grenzender Wahrscheinlichkeit hat der Rost dort sein zerstörerisches Werk bereits begonnen und es wird knirschen. Das ist nicht immer ein Todesurteil für das betreffende Fahrzeug, jedoch gibt es einige neuralgische Punkte, an denen Reparaturen sehr aufwändig und damit kostspielig werden können.
Dazu zählen unter anderem Vorder- und Hinterachsaufnahmen. Achtung: Sind dort Schäden vorhanden, ist das Fahrzeug unter Umständen nicht mehr verkehrssicher! In unmittelbarer Nähe finden sich die Wagenheberaufnahmen, die sich durch Öffnen der entsprechenden Plastikkappen in der Seitenverkleidung begutachten lassen.
Sollten Rostschäden dort noch nicht allzu weit fortgeschritten sein, lassen sich marode Wagenheberaufnahmen vergleichsweise gut sanieren, es gibt Reparaturbleche. Günstig wird das allerdings nicht. Werfen Sie unbedingt auch einen Blick in alle Radhäuser. Trauen Sie sich eine Beurteilung des Unterbodenzustands alleine nicht zu, sollten Sie zur Besichtigung unbedingt einen Experten mitnehmen
Liegt untenherum etwas im Argen, können Reparaturen schnell den Zeitwert des Objektes übersteigen. Allerdings sollen Ihnen diese Zeilen auch keine Angst einjagen: Kaum ein Fahrzeug rostet an allen genannten Stellen gleichzeitig und gleich schlimm. Aber es ist wichtig zu wissen, worauf man sich einlässt.

Der R 129 hat die aufwändige Mehrlenkerhinterachse von W 201 und W 124 geerbt. Überprüfen Sie Radaufhängung und Achsaufnahmen.

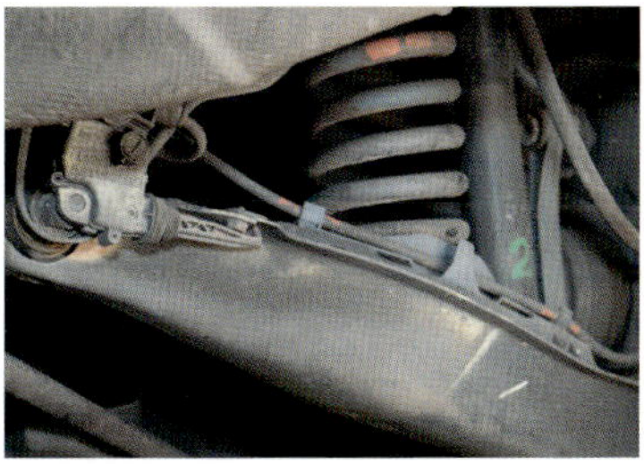

Der kleine Schalter links löst den Überrollbügel aus, sobald eine Fahrzeugseite die Bodenhaftung verlieren sollte.

Auch vorn sind Achsaufnahmen, Radführung und Traggelenke zu prüfen.

Ein leichter Ölfilm an der Motorunterseite ist unverdächtig. Glänzt das Aggregat feucht, sollte man der Ursache auf die Spur kommen.

Die Wagenheberaufnahme von unten. Knirscht es dort beim Anheben, ist der Schweller geschwächt.

Dichtungen

++ + o –
4 3 2 1

Generell sollten Sie sich alle erreichbaren Dichtungen gut ansehen. Das fängt mit den kleinen rund um Antennenfuß und Seitenblinker an und reicht bis zu den großen, etwa der des Verdeckkastens. Es ist nie gut, wenn sich Feuchtigkeit im Verborgenen ausbreitet. Öffnen Sie auch im Motorraum die Flüssigkeitsbehälter und sehen sich deren Dichtungen an.

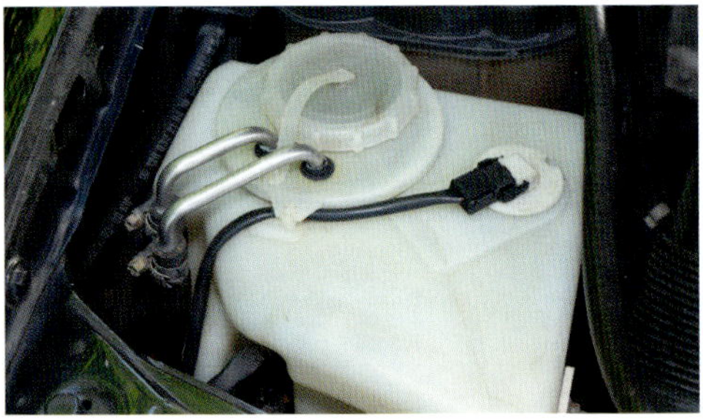

Generell gilt es, alle erdenklichen Dichtungen einer Sichtkontrolle zu unterziehen. Die meisten sind aus Gummi, das im Alter nun einmal spröde wird. Ein rissiger Antennensockel kann Wasser ins hintere Seitenteil lassen, während eine poröse Dichtung des Waschwasserbehälters unkritisch ist.

Beim Kühlwasserdeckel, der sich für wenige Euro ersetzen lässt, sieht das etwas anders aus. Dichtet er nicht mehr richtig ab, verdampft Kühlmittel. Auch der Verdeckkasten sollte beizeiten auf eindringende Feuchtigkeit hin kontrolliert werden.

Kühlsystem

++ + o –
4 3 2 1

Den Zustand des Kühlers können Sie recht schnell beurteilen. Wenn Sie die Motorhaube öffnen, steht er frei vor Ihnen. In welchem Zustand sind die Lamellen? Sehen Sie auffällige Kühlmittelspuren – meist weißlich – auf den Lamellen oder an den Rändern? Welche Farbe hat das Kühlmittel? Ist es stark dunkel verfärbt? Riecht es ölig oder verbrannt? Ist ausreichend Kühlmittel im Ausgleichsbehälter?

Abgesehen von mechanischen Schäden am Kühler selbst können die Lüfter ausfallen. Ursache dafür sind meist defekte Thermoschalter oder Viskokupplungen.

Beleuchtung

++ + o –
4 3 2 1

Prüfen Sie die Funktion aller Leuchten einschließlich Scheinwerfer, Rückleuchten, Blinker, Brems- und Nebellampen. Letztere sind tief unten in der Frontschürze montiert und somit Steinschlag recht ungeschützt ausgesetzt. Oft sind sie mindestens undicht, manchmal sind bereits die Streuscheiben gerissen. Auch die Kennzeichenleuchten an der Heckklappe sollten funktionieren, andernfalls notiert das der Prüfer in der Hauptuntersuchung als Mangel.

Die Beleuchtungseinrichtungen sollten nicht nur funktionieren, ihre Abdeckgläser sollten klar und unbeschädigt sein. Andernfalls moniert der Prüfer Mängel. Die Nebelscheinwerfer leiden als erste unter Steinschlag.

Scheibenwischer

++ + o –
4 3 2 1

Abgesehen vom Zustand des Wischergummis (Rissig? Hart?), den man im Zweifel schnell ersetzen kann, ist bei der Baureihe R 129 vor allem die korrekte Funktion des Einarmwischers zu prüfen. Hebt er sich im Betrieb auch in die oberen Ecken der Windschutzscheibe? Findet er seine korrekte Ruheposition oder „zuckt“ er, bevor er sich ablegt? Ursache dafür kann ein Defekt am Kombihebel sein.

Die Mechanik des Wischers kann im Alter versagen. Läuft er merklich langsamer, helfen zunächst ein paar Tropfen Öl (Abdeckkappe vorsichtig aufhebeln).

Scheiben-/Scheinwerferwaschanlage

++ + o –
4 3 2 1

Prüfen Sie Zustand und Funktion von Scheiben- und Scheinwerferwaschanlage. Vor allem bei Fahrzeugen mit Xenonlicht ist letztere vorgeschrieben und sollte funktionieren. Verfügt ein Fahrzeug über Xenonscheinwerfer, aber nicht über eine Scheinwerferreinigungsanlage, handelt es sich um eine unprofessionelle Nachrüstung, die nicht TÜV-konform ist!

Fahrzeuge mit Xenonlicht müssen eine Scheinwerferwaschanlage haben. Die Wischerchen benötigen hin und wieder neue Blätter.

Verdeck/Windschott/ Überrollbügel/Hardtop

++ + o –
4 3 2 1

Zunächst sollte das elektrohydraulische Verdeck einen optisch unbeschädigten Eindruck vermitteln, keine Risse oder Schnitte aufweisen. Milchränder um die eingelassenen Scheiben sind ebenfalls kein gutes Zeichen. Noch wichtiger aber ist, dass es sich zuverlässig und geräuscharm öffnen und schließen lässt, Defekte an Mechanik und Hydraulik sind nicht nur ärgerlich, sondern werden in der Regel auch teuer. Das Hardtop sollte vorhanden und unbeschädigt sein. Bei späten Versionen verfügt das Hardtop optional über ein Panorama-Glasdach. Auch dieses sollte keine Beschädigungen zeigen. Schauen Sie im Kofferraum nach, ob das serienmäßige Windschott vorhanden ist. Testen Sie auch die Funktion des Überrollbügels, er lässt sich auf Tastendruck aufstellen.

Der Besitzer dieses Fahrzeugs beteuert, das hemdsärmelig geflickte Verdeck sei dicht. Fragt sich: wie lange noch? Originalersatz ist sehr teuer, solcher aus dem Zubehörhandel auch nicht wirklich billig.

Die Macke im Felgenhorn sieht harmlos aus, ist aber recht scharfkantig und könnte die Stabilität des Rads bereits gefährden. Sicherheitshalber sollte es getauscht werden. Das Alter der Reifen verrät die DOT-Nummer an der Flanke. Nicht vergessen: Profiltiefe messen! Rund um den Stern blüht das Material dieser Felge leicht auf. Mechanisch ohne Belang, aber unschön. Profis können so etwas aufarbeiten.

++ + o –

4 3 2 1

Reifen und Felgen

Prüfen Sie zunächst – vor allem, wenn Exemplare aus dem Zubehör montiert sind – ob die Räder für das Modell zugelassen sind. Lassen Sie sich Unterlagen (ABE, TÜV-Eintragung) zeigen. Überprüfen Sie das Alter (DOT-Nummer) und die Profiltiefe sowie das Laufbild der Reifen. Sind sie ungleich abgefahren, kann eine Justierung der Achsgeometrie erforderlich sein. Sehen Sie sich den äußeren Rand der Felgen (Felgenhorn) an. Gibt es Beschädigungen, die von Bordsteinkanten herrühren können? Übrigens haben originale Mercedes-Benz-Leichtmetallfelgen keine eingeschlagene KBA-Nummer!

++ + o –

4 3 2 1

Radlager/Antriebswellen/Traggelenke

Liegt dort ein Schaden vor, stellen Sie ihn spätestens auf der Probefahrt fest. Defekte Radlager, Antriebswellen oder Traggelenke machen lautstark auf sich aufmerksam. Mahlende, kreischende Geräusche insbesondere bei Kurvenfahrt, kündigen das baldige Ende eines oder mehrerer Radlager an. Traggelenke ächzen und knarzen beim Einfedern des Vorderwagens erbärmlich. Reparaturen sind Routine – Ersatzteile in unterschiedlichsten Qualitätsstufen recht günstig – und kosten kein Vermögen, sollten aber nicht aufgeschoben werden.

Ein defektes Radlager macht vernehmlich Geräusche. Der Austausch sollte stets paarweise erfolgen. Das Gleiche trifft für Traggelenke zu, die mitunter den Geist aufgeben.

++ + o –

4 3 2 1

Hydropneumatisches Fahrwerk (Druckspeicher)

Optional (allerdings nicht für alle Motorisierungen) war ein hydropneumatisches Fahrwerk erhältlich, mit dessen Hilfe sich das Fahrzeug in gewissem Rahmen auch in der Höhe justieren ließ. Im Alter sind defekte Druckspeicher nicht selten, das Fahrzeug rollt dann ungewöhnlich hart ab, möglicherweise steht es auch schief. Die Druckspeicher lassen sich ersetzen, wirklich günstig wird das aber nicht (siehe Kapitel 2: Kosten)

++ + o –
Bremssättel und -klötze
[4] [3] [2] [1]

Schlagen Sie zur Sichtprüfung der Bremsanlage die Vorderräder zur einen und dann zur anderen Seite ein. So bekommen Sie (relativ) freien Blick auf Bremssättel- und Beläge. Diese sollten eine Mindeststärke von 2 bis 3 Millimetern aufweisen, wobei dies dann auch der so genannten Abfahrgrenze entspricht.

++ + o –
Bremsscheiben
[4] [3] [2] [1]

Einen vernünftigen Eindruck der Bremsscheiben bekommen Sie nur nach Demontage der Räder. Bei der ersten Begutachtung des Wunschfahrzeuges sollten Sie aber zumindest durch die Öffnung der Felgen hindurch abtasten, ob sich die Bremsscheibe riefig oder wellig anfühlt. Fahren Sie mit den Fingerspitzen über den Rand der Bremsscheibe. Je besser Sie einen deutlich hochstehenden Rand ertasten können, desto dringender ist ein Austausch der Bremsscheibe.

++ + o –
Fußfeststellbremse
[4] [3] [2] [1]

Die Feststellbremse im Fußraum leidet oft unter Vernachlässigung, gerade bei Fahrzeugen mit Automatikgetriebe. Steht der Wählhebel auf „P", benutzt sie kaum jemand. Das kann sich rächen. Spätestens, wenn sie festgeht und der TÜV unzureichende Funktion bemängelt. Prüfen Sie also, wie sich die Feststellbremse bedienen lässt. Lässt sie sich mit einem deutlich vernehmbaren mechanischen Geräusch lösen? Wie lang ist der Pedalweg? Hält sie den Wagen auch ohne eingelegten Gang sicher?

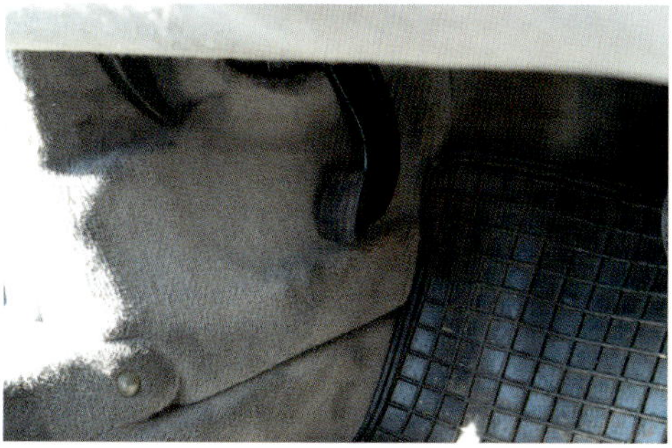

Das beste Rezept für eine stets zuverlässig funktionierende Feststellbremse? Benutzen Sie sie! Für Mercedes-Neulinge ist die Mechanik häufig ungewohnt, der „P"-Zughebel unter dem Lichtschalter löst die Bremse.

++ + o –
Blick in den Motorraum
[4] [3] [2] [1]

Öffnen Sie die Motorhaube mittels der Plastiklasche, die bei der Entriegelung aus dem Kühlergrill hervorspringt. Prüfen Sie, ob sich alle Komponenten im Originalzustand befinden oder ob Zubehörteile von Drittanbietern (etwa Sportluftfilter) verbaut wurden. Welchen Eindruck macht das Aggregat auf Sie? Gibt es auffällige Verölungen oder weiße Flecken, die auf ausgelaufenes oder übergekochtes Kühlmittel hinweisen? In welchem Zustand ist der Keilriemen? Gibt es auffällige Laufgeräusche (Klappern, Rasseln)? Lassen Sie sich nicht von frisch gesäuberten Aggregaten blenden! Ein betagter Motor darf nach Arbeit aussehen, er sollte allerdings keine Undichtigkeiten aufweisen.

++ + o –
Tankklappe und Kofferraum
[4] [3] [2] [1]

Die Tankklappe wird über die Zentralverriegelung ver- und entriegelt. Zuweilen kommt es vor, dass sie trotz geöffneten Türen verschlossen bleibt. Dann müssen Sie die Zentralschließung drucklos schalten (meist über eine Vorrichtung im Kofferraum, die Betriebsanlei-

Der Motor findet sich unter der großen Abdeckhaube, die aber rasch ausgebaut ist. Das rote Knöpfchen oben links ist der Ölpeilstab für das Automatikgetriebe.

Kein Drama, aber nicht schön: Motorraumdämmmatten leiden irgendwann unter der Wärmeentwicklung und lösen sich.

Der berühmte „Tauchsieder“: Das gesamte Waschwassersystem ist beheizt. Achten Sie auf den Zustand der angeschlossenen Schlauchleitung, insbesondere an der „Knickstelle“ am oberen Ende der Motorhaube. Scheuerstellen können einen Schmorbrand auslösen! Das stabilisierende Metallkreuz vor dem Kühler sollte keinesfalls verzogen sein.

tung gibt darüber Auskunft) und können die Klappe öffnen. Sehen Sie nach, ob der werksseitig angebrachte Aufkleber mit Informationen zur Kraftstoffqualität und zum Reifenfülldruck vorhanden ist.

Welchen Eindruck macht der Kofferraum? Ist er sauber oder stark verschmutzt, ist die (sehr hochwertige) Auslegeware unbeschädigt? Überprüfen Sie auch Zustand und Vollständigkeit des Bordwerkzeuges und des Verbandkastens, auch Ersatzrad und Warndreieck sind einen Blick wert. Halten Sie außerdem Ausschau nach Anzeichen von Wassereinbruch (Flecken). Es lohnt sich, einen Blick unter die Batterie zu werfen, die in Fahrtrichtung rechts im Kofferraum untergebracht ist. Oft gammelt das Bodenblech darunter im Verborgenen.

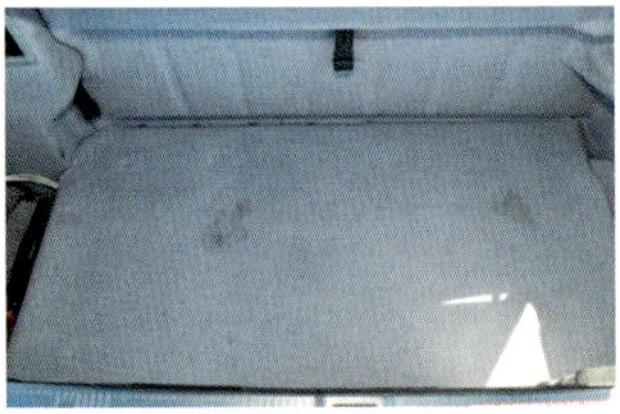

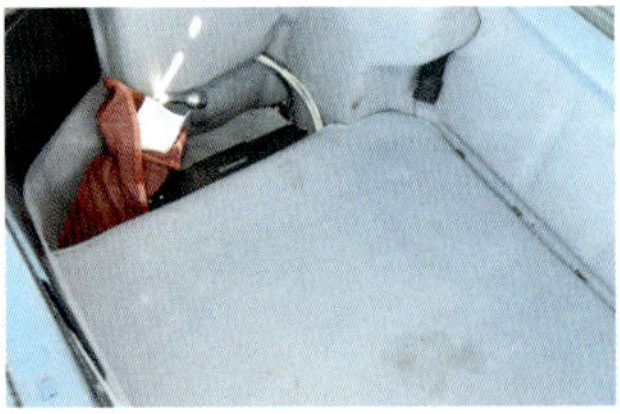

Die Innenseite der Tankklappe hält wichtige Informationen bereit. Fehlt dieser Aufkleber, sollte man fragen, warum. Entweder wurde die Klappe ausgetauscht oder neu lackiert, was meistens Gründe hat. An der Vorderwand des hoffentlich sauberen Kofferraums ist das Windschott befestigt. Fehlt es, bietet dies Verhandlungsspielraum. In der linken Seitentasche des Gepäckabteils findet sich der häufig georderte CD-Wechsler (Becker „Silverstone“). Sollte er nicht mehr funktionieren, ist das kein Problem. Zahlreiche Betriebe (etwa www.youngtimerradio.de) kümmern sich um die Instandsetzung.

Ein Reserverad in Fahrbereifung und mit originaler Felge war Standard. Wichtig: Wie alt ist der Reifen? Das Warndreieck befindet sich markentypisch in der Heckklappe. Mitunter kann es aus seiner Halterung reißen. Die Gelenke der Heckklappe sind stabil ausgeführt, die Klappe ist aber auch recht schwer, und im Alter bleibt sie häufig nicht mehr von selbst offen stehen.

Batteriezustand

++ + o –
4 3 2 1

Um den Zustand der Batterie zu überprüfen, benötigen Sie ein Multimeter. Im Leerlauf sollte es – an beide Batteriepole angeschlossen – einen Wert zwischen 13,8 und 14,2 Volt Gleichspannung anzeigen, bei abgestelltem Motor etwa 12,4 bis 12,6 Volt. Ist der Anzeigewert bei abgestelltem Motor deutlich niedriger als 12,4 oder gar 12 Volt, sollte die Batterie ausgetauscht werden.

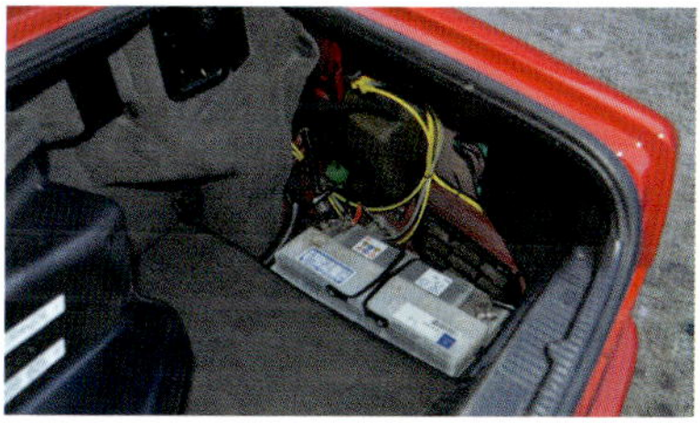

Je nach Umfang der Komfortelektrikausstattung gab es unterschiedliche Batteriekapazitäten. Es sollte die korrekte eingebaut sein.

Wassereinbrüche

++ + o –
4 3 2 1

Überprüfen Sie den gesamten Innenraum (Teppiche, Sitze) auf Wasserflecken. Fühlen Sie in allen Türtaschen nach Feuchtigkeit und heben Sie im vorderen Fußraum auch einmal den Bodenteppich an. Die „Saugprobe" mit einem Taschentuch kann weiteren Aufschluss geben. Saugt es sich voll oder wird es klamm, besteht Handlungsbedarf.

Innenraum

++ + o –
4 3 2 1

Da ist wieder ein ganzheitlicher Eindruck wichtig. In welchem Zustand befinden sich Sitze, Teppiche, Verkleidungen, Tasten, Knöpfe, Lenkrad, Schalthebel, Dachhimmel? Riecht es muffig? Ist alles original oder vom Vorbesitzer (oder den Vorbesitzern) partiell verändert worden (Lenkrad, Sitze, Audioanlage)? Dünn gewordener oder teilweise aufgerissener Stoff an der vorderen linken Sitzwange ist nicht zwangsläufig ein Zeichen für Überbeanspruchung des Fahrzeugs.
Leder (vor allem das der 1. Serie) kann die Jahrzehnte gar weitgehend unbeschadet überstanden haben. Trocken oder rissig gewordene Tierhaut kann man in gewissem Rahmen

Typische Trittspuren an Türverkleidungen wie hier am Lautsprechergitter sind kein Drama. Es gibt spezielle „Radiergummis", mit denen sich diese Schlieren beseitigen lassen. Keine scharfen Pflegemittel verwenden! Verfärbte oder versprödete Ledersitze lassen sich mit etwas Aufwand zu alter Frische reaktivieren. Im „Praxishandbuch Cockpit & Interieur" aus dem HEEL Verlag steht, wie so etwas geht.

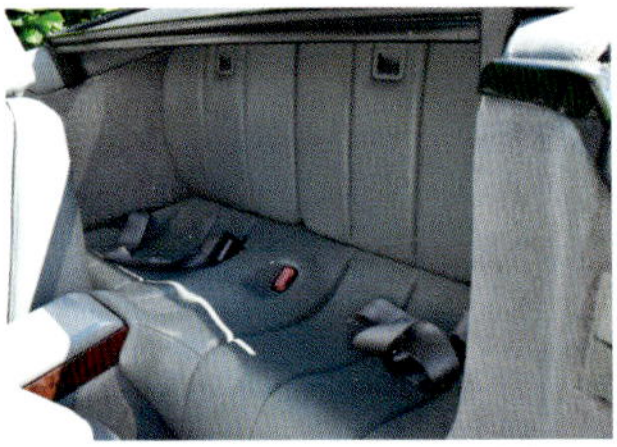

Autos mit Rücksitzbank sind die Ausnahme, sie lässt sich ohnehin nur eingeschränkt nutzen. Ist ein Bose-Soundsystem verbaut, sitzt an dieser Stelle der Subwoofer. Die Klimaautomatik der ersten Serie hat eine große Tastatur, das Radio passt nicht zum Baujahr, fügt sich aber dennoch gut ins Ensemble ein. Wird das Hardtop genutzt, verriegelt es in diesen Nuten (wie das Stoffverdeck auch). Sie sollten daher stets sauber gehalten werden.

„revitalisieren" (siehe dazu auch „Praxishandbuch Cockpit & Interieur. Reparieren – Restaurieren – Pflegen, HEEL-Verlag 2016). Überprüfen Sie den Verstellmechanismus der Sitze sowie alle Taster und Schalter auf Funktion. Funktioniert die Innenbeleuchtung und schaltet sie sich auch wieder ab?

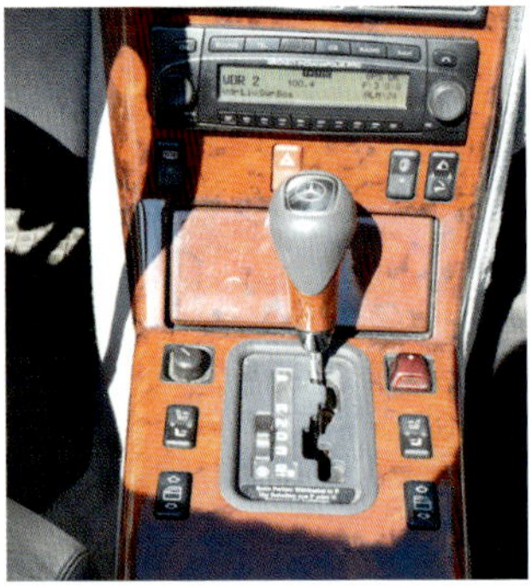

Viel Holz ist eine Zier, vor allem in einem klassischen Mercedes-Benz. Noch schöner, wenn es die Jahre rissfrei überstanden hat.

++ + o –
4 3 2 1

Lenkrad und Hupe

Macht das Lenkrad einen abgegriffenen, glatten oder speckigen Eindruck? Funktioniert die Hupe?

++ + o –
4 3 2 1

Lenkstockhebel

Der multifunktionale Lenkstockhebel, der neben dem Blinker auch das Fernlicht, die Scheibenwischer und die Wischwasserfunktion auslöst, sollte man in all seinen Funktionen überprüfen. Ersatz ist teuer.

++ + o –
4 3 2 1

Instrumente

Die Instrumente des R 129 sind nicht für Probleme bekannt. Achten sollten Sie allerdings darauf, ob die Instrumentenbeleuchtung – auch die der Heizungs- und Lüftungsregelung in der Mittelkonsole – funktioniert, die Lämpchen fallen gerne aus. Ersatz ist günstig: Es handelt sich um einfache Stecksockelbirnchen, und der Austausch ist für einigermaßen geschickte Selbermacher kein Problem. Tipp: Besorgen Sie sich beim Vertragshändler oder im Internet das originale MB-Ausziehwerkzeug mit T-Griff (Teilenummer: 140 589 02 33 00)!

Airbags waren ab Marktstart verfügbar. Der anfänglichen Empfehlung des Herstellers, die Säcke alle zehn bis 15 Jahre auszutauschen, sind wohl nur wenige Besitzer gefolgt.

Die Instrumentierung ist, wie bei Mercedes üblich, außerordentlich übersichtlich und funktional. Gelegentlich fallen Lämpchen aus, aber das ist kein Drama.

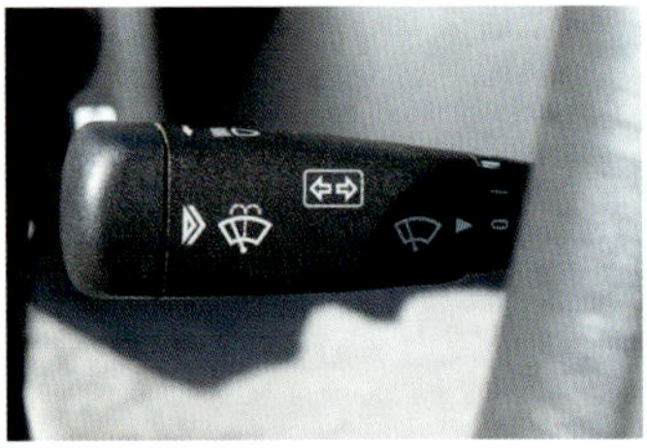

Der Lenkstockhebel ist praktisch ständig im Einsatz und kann nach mehr als 20 Jahren auch mal zicken. Zeigt der Einarmwischer Fehlfunktionen, kann die Ursache im Kombihebel zu finden sein.

Warnleuchten

++ + o –
4 3 2 1

Um zu wissen, welche Warnleuchten der R 129 hat, ist es wichtig, über die Ausstattung des jeweiligen Fahrzeuges Bescheid zu wissen! Lesen Sie auch in der Betriebsanleitung nach, was die unterschiedlichen Warnleuchten zu bedeuten haben. Schalten Sie die Zündung ein, ohne den Motor anzulassen, dann leuchten alle relevanten Lampen auf oder sollten es tun. Ein Kuriosum bei älteren Mercedes-Benz ist, dass ein Aufflammen der ABS-Kontrollleuchte nicht immer auf einen Fehler des entsprechenden Systems hinweist. Manchmal leuchtet sie auch auf, wenn die Bordspannung zu niedrig ist. Halten Sie an, schalten Sie den Motor aus und wieder ein. Erlischt die ABS-Lampe nach wenigen Augenblicken, ist das Antiblockiersystem selbst in Ordnung. Im Zweifelsfalle ist es natürlich besser, das System kontrollieren zu lassen.

Radaufhängung

++ + o –
4 3 2 1

Die Radaufhängungen gelten als robust. Vorsicht ist geboten, wenn ein Fahrzeug verändert, beispielsweise tiefergelegt oder mit extrem breiter Bereifung versehen wurde. Wenn Sie den Kauf eines solchen Autos in Erwägung ziehen, sollten Sie die Radaufhängungen in einer Werkstatt überprüfen lassen.

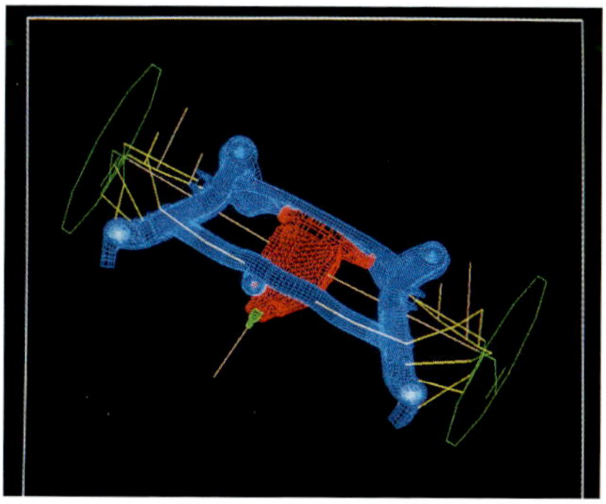

Die komplexe Mehrlenkerhinterachse ist verantwortlich für den stoischen Geradeauslauf und den Abrollkomfort des SL. Fährt der Wagen auffallend unruhig, kann eine Überholung notwendig sein, bei der unter anderem alle Zug- und Schubstreben ausgetauscht werden. Die vordere Radaufhängung (r.) ist nicht ganz so komplex, sollte aber regelmäßig überprüft werden.

Auspuff

++ + o –
4 3 2 1

Klar: Undichtigkeiten an der Auspuffanlage sieht und hört man. Eine komplette Auspuffanlage für den Achtzylinder ist allerdings durchaus eine größere Investition. Wurden Veränderungen vorgenommen (Sportauspuffanlage), sollte man sich vergewissern, dass der Umbau eingetragen ist und korrekt vorgenommen wurde. Lassen Sie sich die Unterlagen zeigen.

Diese Abgasanlage hat noch ein langes Leben vor sich. Das ist auch gut so, Komplettersatz (ab Kat) geht empfindlich ins Geld.

++ + o –

Ölaustritte 4 3 2 1

Ob ein Auto öldicht ist, kontrollieren Sie am besten nach der Probefahrt. Stellen Sie das betriebswarme Fahrzeug auf ebenem Grund ab und legen Sie ein Stück Pappe unter den Motor. Da sollte nichts tropfen. Ansonsten sehen Sie sich den Motor genau an.

++ + o –

Kühlwasserverlust 4 3 2 1

Schauen Sie vorn unter das Auto, ob Kühlwasser austritt. Helle Flecken an den äußeren Teilen des Kühlsystemes (Schläuche, Schlauchschellen) können auf frühere Undichtigkeiten hinweisen.

Es gilt die alte Regel: Ein bisschen Schwitzen ist okay, tropfen nicht.

++ + o –

Zustand aller Flüssigkeiten 4 3 2 1

Bewerten Sie den Zustand und das Alter aller Flüssigkeiten anhand idealerweise vorliegender Wartungsunterlagen oder entsprechender Zettel im Motorraum. Sollte eines der Betriebsmittel auffallend dunkel sein – mit Ausnahme des Motoröls – gehört es mit Sicherheit ausgetauscht. „Schwarzes" Kühlmittel oder stark verfärbte Bremsflüssigkeit sind nicht normal!

Ein korrekt ausgefüllter und aktueller „Öl-zettel" im Motorraum verrät einiges über die Pflegemoral des Vorbesitzers.

Die Kontrolle aller Flüssigkeiten (Kühlwasser, Öl, Bremsflüssigkeit) sollte beim Gebrauchtwagenkauf obligatorisch sein. Das zylinderförmige Gefäß rechts ist der Ausgleichsbehälter der Servolenkung. Lenkt sich das Auto schwerer, sollte man es checken. Nach Austausch des Ölsiebs und maßvollem Nachfüllen der korrekten (Betriebsanleitung beachten!) Hydraulikflüssigkeit sollte es wieder funktionieren.

Dieses Differenzialgehäuse ist derart trocken, dass sich Oberflächenrost gebildet hat. In diesem Fall ein gutes Zeichen. Achten Sie auch auf den Zustand der Hardyscheiben (rechts).

++ + o –

Ölverlust aus der Kraftübertragung

4 3 2 1

Auch Getriebe und Differenzial können undicht werden. Achten Sie nach der Probefahrt auf frische feuchte Stellen.

++ + o –

Probefahrt

4 3 2 1

Eine ausgiebige Probefahrt sollten Sie sich nicht ausreden lassen! Es gibt Händler, aber auch Privatleute („Bei dem ist doch alles in Ordnung" – „Sie dürfen ihn fahren, wenn Sie ihn danach kaufen"), die das mit dubiosen Ausreden verhindern oder Sie unter Zeitdruck setzen wollen. Fahren Sie das Auto möglichst abwechslungsreich durch die Stadt, über eine Landstraße und ein Stück Autobahn. Probieren Sie alle Funktionen aus, schalten Sie das Getriebe durch, bremsen Sie auch einmal stärker. Und vor allem: Setzen Sie auf Ihre Sinne! Hören Sie genau zu, ob Ihnen etwas verdächtig scheint. Achten Sie auf ungewöhnliche Gerüche. Schauen Sie auf Anzeigen und Kontrollleuchten. Vertrauen Sie Ihrem „Popometer" – wie liegt der Wagen, wie fühlt er sich an?

Für die Probefahrt sollten Sie sich Zeit nehmen, um das Fahrzeug in allen möglichen Fahrsituationen prüfen zu können. Und außerdem: Bei so einem herrlichen Wetter macht der Check eines Schwabenroadsters auch einfach Spaß!

Wer es ganz genau wissen will

Ein Vorbesitzer, der von seinem Fahrzeug überzeugt ist, wird sicher nichts dagegen haben, wenn Sie das Auto von einem unabhängigen Gutachter überprüfen lassen wollen. Viele Werkstätten, Automobilclubs und Prüforganisationen bieten einen Gebrauchtwagen-Check an. Natürlich gibt es den nicht kostenlos, und der Verkäufer wird die Kosten kaum übernehmen wollen. Sie sollten sich also relativ sicher sein, dass es sich bei dem besichtigten Exemplar um „Ihr" nächstes Auto handelt. Unterm Strich ist solch ein professionelles Urteil für beide Seiten ein Gewinn.

Auswertung
Addieren Sie nun alle Punkte
132 Punkte = Hervorragend, dieses Fahrzeug garantiert Wertzuwachs

100 bis 131 Punkte = Gut bis sehr gut, dieses Fahrzeug können Sie bedenkenlos kaufen

67 bis 99 Punkte = Durchschnitt bis gut, aber wo liegen die gefundenen Probleme?

34 bis 66 Punkte = Unterdurchschnittlich bis mittelmäßig. Überlegen Sie sich den Kauf gut.

33 Punkte und weniger = Hier sind einige Investitionen erforderlich. Wenn der Preis besonders günstig ist und Sie handwerkliche Fähigkeiten besitzen, können Sie es wagen. Sonst lieber nicht. Die Totalrestaurierung eines R 129 lohnt (noch) nicht, es gibt genügend gute Exemplare.

Auch eine Rarität: Es handelt sich hier um eine der seltenen frühen Versionen mit Stoffsitzen. Leder war deutlich beliebter.

10 Auktionen – ein anderer Weg zum Traumwagen

Pro und Kontra

Pro: Die Preise sind im Allgemeinen niedriger als bei Händlern oder privaten Verkäufern und man kann möglicherweise ein echtes Schnäppchen machen. Professionelle Versteigerer haben zumeist alle Formalitäten mit dem Verkäufer erledigt.

Kontra: Man muss allein der Beschreibung im Katalog vertrauen. Die Möglichkeiten zur Überprüfung sind begrenzt und eine Probefahrt ist nicht möglich. Auktionsmodelle sind oft in einem unterdurchschnittlichen Zustand und verlangen nach zusätzlichen Reparaturen.

Welche Auktion?

Die Veranstaltungen der etablierten Auktionshäuser (s. S. 45) werden in Automobilmagazinen oder auf den Internetseiten der Unternehmen angekündigt. Der Katalog oder eine einfache Aufstellung der zum Aufruf kommenden Modelle sind erst kurz vor der Auktion erhältlich. Allerdings veröffentlichen die Unternehmen ihre Angebote auch schon früher auf ihren Internetseiten. Nehmen Sie Kontakt mit dem Auktionshaus auf, um die Ausrufpreise zu erfahren. Details der bereits gelaufenen Auktionen sind zumeist im Netz zu erfahren und ein guter Indikator.

Katalog, Eintrittsgelder und Zahlungsmodalitäten

Der Katalog fungiert oftmals auch als Eintrittskarte für zwei Personen während der Besichtigungstage und für die Auktion selbst. Die Angaben in den Katalogen sind zumeist kurz und knapp, enthalten aber in der Regel Angaben über die Zahl der Besitzer, den Kilometerstand und die Wartungsgeschichte des Wagens. Der angegebene Ausrufpreis gibt eine erste Andeutung, in welchen Kategorien man sich bewegt, und gleichzeitig werden im Katalog auch die verschiedenen Zahlungsformen sowie das verlangte Aufgeld angegeben. Zumeist verlangt der Auktionator Barzahlung, es sind aber auch andere Modalitäten wie Zahlung mit Kreditkarte oder mittels eines von der Bank bestätigten Schecks möglich. Kein Fahrzeug wird herausgegeben, bevor nicht alle Zahlungsmodalitäten geklärt sind. Bei Verzögerungen kann der Auktionator Lagergebühren verlangen.

Aufgeld

Bei der Kalkulation darf man unter keinen Umständen das Aufgeld vergessen. Daneben können noch andere Steuern fällig werden.

Besichtigung

Bei den meisten Auktionen ist vorab eine Besichtigung der Wagen möglich. Hilfskräfte des Auktionators sind dabei durchaus bereit, die Motor- oder Kofferraumhaube zu öffnen und sie werden es auch zulassen, dass man den Innenraum besichtigt. Der Motor kann zwar gestartet werden, eine Probefahrt aber ist absolut ausgeschlossen. Man darf den Wagen auch von unten überprüfen, aber mit Sicherheit wird man die Bitte, den Wagen auf eine Bühne zu stellen, ablehnen. Man kann allerdings die wichtigsten Dokumente einsehen.

Bieten

Bevor man sich an einer Auktion beteiligt, sollte man sich unbedingt über sein persönliches Höchstgebot im Klaren sein und – auch wenn es mitunter schwer fallen mag – dabei bleiben.
Bis das begehrte Auto aufgerufen wird, vergeht meistens einige Zeit, die man nutzen kann, um die anderen Bieter zu beobachten. Ist der anvisierte Wagen an der Reihe, sollte man die Aufmerksamkeit des Auktionators auf sich ziehen, indem man ein frühes Gebot abgibt. Der Auktionator wird dann immer zu Ihnen blicken, um eine Reaktion auf ein Gebot zu bekommen. Zumeist wird in genau definierten Schritten gesteigert, was sich erst ändern kann, wenn die Gebote langsamer kommen. Dann werden auch kleinere Schritte akzeptiert. Wenn man sich aus dem Gebotgefecht verabschieden will, sollte man dies dem Auktionator unmissverständlich signalisieren – ein deutliches Kopfschütteln sollte reichen.
Bei einem erfolgreichen Gebot notiert sich der Auktionator die Nummer Ihrer Karte, und von nun an sind Sie für den Wagen verantwortlich.
Wird der Wagen nicht verkauft, weil er schlicht kein ausreichendes Interesse fand oder unter dem Ausrufpreis blieb, gibt es immer noch die Möglichkeit, mit dem Besitzer – unter Vermittlung des Auktionators – direkt zu verhandeln.

Erfolgreiches Gebot

Bereits im Vorfeld sollte man sich für diesen Fall ein paar Gedanken gemacht haben. Wie wird der Wagen nach Hause transportiert und welche Versicherung wird dafür benötigt? Die Versicherungsfrage sollte man auf jeden Fall bereits vor der Auktion geklärt haben. Ist der Wagen nicht fahrbereit: Kann man ihn auf einem Anhänger transportieren oder muss man die Aufgabe an ein qualifiziertes Unternehmen delegieren? Das Auktionshaus verfügt zudem ebenfalls über entsprechende Adressen.

eBay und andere Internet-Auktionen

Bei eBay und anderen Internet-Auktionshäusern kann man durchaus für einen günstigen Preis an seinen Traum-Klassiker kommen, doch sollte man nicht auf eine vorgehende gründliche Untersuchung des Wagens vor Ort verzichten. Die meisten Anbieter ermutigen die

Interessenten sogar ausdrücklich dazu. Bei eBay wird stets der Standort des Wagens genannt, sodass man sich ein Angebot in erreichbarer Nähe aussuchen kann. Seien Sie darauf vorbereitet, in letzter Minute überboten zu werden. Sie sollten sich darüber im Klaren sein, dass Ihr Gebot bindend ist, es aber andererseits sehr schwer ist, einen betrügerischen Anbieter vor Gericht zur Rechenschaft zu ziehen. Immer wieder kommt es auch zum Verkauf von „Geisterwagen". Daher sollte man sicherstellen, dass der in Frage kommende Wagen tatsächlich existiert und sich nicht voreilig von seinem Geld trennen.

Auktionshäuser

Barrett-Jackson	www.barrett-jackson.com
Bonhams	www.bonhams.com
British Car Auctions	www.bca-europe.com www.british-car-auctions.co.uk
Cheffins	www.cheffins.co.uk
Christies	www.christies.com
Coys	www.coys.co.uk
Ebay	www.ebay.de
H&H	www.classic-auctions.co.uk
RM	www.rmauctions.com
Shannons	www.shannons.com.au
Silver	www.silverauctions.com

11 Papiere für eine vollständige Dokumentation

Zulassung

Alle Länder verfügen über ein Registrierungssystem für Automobile. In Deutschland ist das etwa der Kraftfahrzeugbrief und in den USA der so genannte „Pink Slip". Seit einiger Zeit sind Importfahrzeuge aus Japan in Mode, die oft mit überdurchschnittlichem Pflegezustand und üppiger Ausstattung locken. Doch Vorsicht: Ständiger Stop-&-Go-Verkehr in chronisch verstopften japanischen Innenstädten setzt Motoren, Getrieben und Technik mehr zu als es der oft geringe Kilometerstand vermuten lässt.

Aufgrund starker Sonneneinstrahlung ist auch oft der Lack, zumindest die Klarlackschicht, regelrecht „verbrannt". Auch Innenausstattungen können gelitten haben. Grundsätzlich ist es wichtig, dass alle Unterlagen im Original vorliegen und vollständig sind, dass sie sich auf den in Frage kommenden Wagen beziehen und dass alle Details wie Motor- und Fahrgestellnummern korrekt angegeben sind.

Alle früheren Besitzer sind ausschließlich im Kraftfahrzeugbrief aufgeführt. Daher sollte man sich nicht mit dem Kfz-Schein oder der Zulassungsbescheinigung Teil II begnügen, in der ja nur der aktuelle Besitzer und der letzte Vorbesitzer angegeben sind.

Vergleichen Sie alle Angaben im Brief mit dem Typenschild, das im Fahrzeug montiert ist. Besitzt der Wagen eine ausländische Zulassung, sollte man sich vorab bei den entsprechenden Stellen wie dem Zoll informieren, welche Formalitäten bei der Einführung des Wagens zu erledigen sind.

Hauptuntersuchung

Auch angehende Klassiker und Liebhaberfahrzeuge wie der Mercedes R 129 entgehen der Hauptuntersuchung nicht. Bei der Besichtigung spielen die letzten HU-Berichte eine entscheidende Rolle für die Beurteilung des Objektes der Begierde. Also sollte man sich diese Unterlagen unbedingt zeigen lassen und bei Bedarf darauf bestehen, dass die von den Prüfern verlangten Reparaturen durch entsprechende Rechnungen dokumentiert werden.

Auch wenn der Wagen nicht mehr zugelassen ist, sollte man nicht darauf verzichten. So offenbaren sich mitunter schon vor der ersten genaueren Besichtigung mögliche gravierende Schwachpunkte. Sind diese Unterlagen nicht vorhanden, ist es durchaus möglich, dass der Verkäufer etwas zu verbergen hat.

Anmeldung

Ist das Fahrzeug noch zugelassen, ist die Ummeldung relativ unproblematisch. Wer viel Zeit, Geduld und Lust auf Bürokratie hat, kann selbst zum Straßenverkehrsamt fahren und dort seinen Wagen ummelden. Dazu benötigt man Kraftfahrzeugbrief und -schein respektive die Zulassungsbescheinigung Teil I und II, elektronische Versicherungsbestätigung (eVB), HU-/AU-Unterlagen, Personalausweis und Bargeld (oder EC-Karte) für die fälligen Gebühren und die neuen Kennzeichen. Hat man sich die Kennzeichen besorgt und montiert, steht der weiteren Fahrt nichts mehr im Weg.

Besitzt der Wagen keine Zulassung mehr, interessiert sich zunächst der TÜV für das Fahrzeug. Je nach Herkunft und Dauer der Abmeldung kann der TÜV auf eine Einzelabnahme bestehen, für die eine ausführliche technische Dokumentation notwendig ist. Ist diese Hürde genommen, begibt man sich zur Zulassungsstelle. Wer Zeit sparen will, kann auch entsprechende Dienstleister in Anspruch nehmen, die gegen eine Gebühr die Zulassung organisieren.

Bewertung

Mitunter hat der Verkäufer ein Wertgutachten von einer anerkannten Organisation wie Classic Data, DEKRA oder DAT anfertigen lassen, aus dem der Wert des Modells hervorgeht. Im Allgemeinen stellen solche Dokumente allerdings lediglich eine unverbindliche Richtgröße für den tatsächlichen Preis dar.

Service-Historie

Häufig werden die Wagen von ihren (hoffentlich fähigen) Besitzern selbst gewartet. Trotzdem sollte man so viele Details der Service-Historie wie möglich in Erfahrung bringen. Dabei kommt den Bescheinigungen und Rechnungen von Markenhändlern oder Fachbetrieben eine besonders große Bedeutung zu.

Tatsächlich sind alle Papiere bei der Dokumentation wichtig: Vom ersten Kaufvertrag bis zum Wartungsheft bekommt man so Antworten auf wichtige Fragen zur Geschichte des Fahrzeugs. Besonders ein Katalog des Modells aus dem entsprechenden Baujahr ist eine wichtige Informationsquelle. Die Behauptung des Besitzers, dass der Wagen restauriert worden sei, sollte man sich immer durch die entsprechenden Unterlagen belegen lassen.

Wenn der Verkäufer erklärt, den Service selbst vorgenommen zu haben, sollte man fragen, wann die Arbeiten ausgeführt wurden und nach entsprechenden Hinweisen suchen. Im besten Fall deckt sich Ihre Einschätzung des Gesamtzustands mit den Angaben des Verkäufers.

Restaurierungs-Fotos

Größere Restaurierungsmaßnahmen werden in der Regel mit einer Vielzahl von Fotos dokumentiert. Die aus verschiedenen Winkeln gemachten Aufnahmen helfen, Umfang und Qualität der Arbeiten einzuschätzen. Wenn Sie den Wagen kaufen, bitten Sie den Verkäufer, Ihnen die Fotos zu überlassen, weil sie ein wichtiger Teil der Geschichte des Fahrzeugs sind. Es ist erstaunlich, wie viele Besitzer bereit sind, sich zwar von ihrem Wagen zu trennen, die Fotos aber als Erinnerungsstücke behalten wollen. In einem solchen Fall kann man sich vermutlich auf Abzüge von den Originalen einigen.

12 Wie viel ist „er" wert?

Mit Klassikern lässt sich Geld verdienen!

Die Baureihe R 129 ist noch kein Oldtimer, das Klassikerpotenzial trägt sie allerdings in den Genen. Wie alle SL vor ihr. Ein Umstand, der viele Freiräume bietet. Und zwar sowohl für Händler wie Privatverkäufer. Mit dem Label „Klassiker" lässt sich Kasse machen.

Der SL ist auf dem besten Wege zum Klassiker. Es gibt noch alles: vom hastig übertünchten Blender über den scheckheftgepflegten Alltagsgleiter bis hin zum raren US-Sondermodell „Silver Arrow" im begehrenswerten „So-gut-wie-neu"-Zustand.

Das Problem: Viele auf den ersten Blick ordentliche Fahrzeuge werden so günstig angeboten, dass man fast gar nicht ablehnen kann. Das böse Erwachen kommt dann mit der ersten Reparatur.

Und es stimmt ja auch: Gute und gepflegte Exemplare mit nachvollziehbarer Historie und ohne Wartungsstau werden nicht nur nicht mehr günstiger, sondern steigern langsam aber stetig ihren Marktwert. So kann eine Preisforderung von um die 20.000 Euro (in Einzelfällen auch mehr) für einen 500 SL/SL 500 in Topzustand durchaus zu rechtfertigen sein. Wenn es sich um eines der limitierten Sondermodelle wie den begehrten und nur für die USA aufgelegten „Silver Arrow" oder um einen „echten" AMG handelt, sowieso. Einen ordentlichen 280 SL bekommt man indes auch noch für weniger als die Hälfte.

Wenn Sie nicht mindestens 7000 bis 8000 und meist wohl eher noch ein paar mehr Euro investieren können – und keine Reserve für eventuell anstehende Arbeiten übrig haben – sollten Sie das „Abenteuer SL" eher nicht wagen. Auch, wenn auf dem Markt fahrbereite Exemplare ab rund 5000 Euro angeboten werden, können die Folgekosten vermeintlicher Schnäppchen desaströse Ausmaße annehmen! Allerdings tauchen solche Angebote immer wieder auf. Da gilt es, kühlen Kopf zu bewahren und bei der Suche nach dem passenden fahrbaren Untersatz nicht ausschließlich Herz oder Bauch entscheiden zu lassen. Selbst dann nicht, wenn das mutmaßliche Traumauto vor Ihnen steht!

Vollausstattung gibt es nicht!

Viele Anbieter begründen ihre überzogenen Preisvorstellungen gern mit der Bemerkung, dass es sich bei dem betreffenden Auto um einen raren „Vollausstatter" handelt. Die Wahrheit ist: Den gibt es nicht! Selbst in einer Zeit, als Mercedes-Benz Ausstattungslinien- und Pakete noch nicht für sich entdeckt hatte und die Erstkunden ihr Auto in der Tat recht individuell bestücken konnten, war es niemals möglich, wirklich alle verfügbaren Optionen, die der Prospekt hergab, in einem einzigen Auto zu vereinen. Manche Sonderausstattungen waren nicht mit allen Motoren kombinierbar (etwa das ADS-Fahrwerk) oder wurden nicht in allen Baujahren angeboten. Sollte Ihnen also ein Verkäufer das in der Mercedes-Klassikerszene leider nahezu allgegenwärtige Märchen der Vollausstattung auftischen wollen, dürfen Sie das getrost milde lächelnd überhören.

Es heißt: Heute bestellt, morgen geliefert. Bei seltenen Sonderausführungen wie dem „Silver Arrow" kann es mitunter länger dauern und teurer werden, die Innenausstattung ist nicht „von der Stange".

Zustand:

Wichtig ist einzig und allein: Was steht vor Ihnen? Mit Hilfe des Bewertungssystems aus Kapitel 9 können Sie nun beurteilen, in welchem Zustand sich das Kaufobjekt befindet und ob es sich überhaupt lohnt, mit dem Verkäufer in Verhandlungen einzutreten. Sinnvoll ist es zudem, sich zuvor in einschlägigen Internetportalen wie www.mobile.de oder www.autoscout24.de über die aktuelle Marktlage zu informieren und entsprechende Fachzeitschriften wie *Oldtimer Markt* zu konsultieren.

Im Falle der Marke Mercedes-Benz lohnt es sich in jedem Fall, Kontakt zur rührigen Clubszene aufzunehmen (www.r129sl-club.de). Auch Nichtmitgliedern gegenüber zeigt man sich dort oft hilfsbereit. In der Regel bekommt man so einen einigermaßen verlässlichen Rahmen dafür, was preislich „geht". Natürlich kann man ein wirklich gut gepflegtes Exemplar, aus erster Rentnerhand und garagenverwöhnt, entsprechend würdigen. Und in der Tat, solche Autos gibt es! Man sollte sich aber darüber im Klaren sein, dass der verlangte Preis nicht nur vom reinen Zustand, sondern auch von der vorhandenen Zusatzausstattung abhängt.

Einmal Leder schwarz, bitte. Zeitlos, elegant, stilsicher. Vorteil: So etwas repariert jeder versierte Sattler.

Die meisten R 129 sind mit recht umfangreicher Ausstattung geordert worden. Das Radio ist nachgerüstet, ein Original-Becker wäre wertvoller.

Empfehlenswerte Extras:

Lederausstattung
originales Radio (Becker)
Soundsystem „Bose“
Metallic-Lack
originale Alufelgen
Xenonlicht

Nicht empfehlenswert:

nicht eingetragene oder nicht serienmäßige Zubehörteile (Tuning)
Anhängerkupplung
Lackierungen in nicht serienmäßigen Farben

Das originale Leichtmetallrad, mit dem das Sondermodell „Silver Arrow“ ausgeliefert wurde, ist ein begehrtes Extra und wird hoch gehandelt. Immer gilt: Originalräder in gutem Zustand gehen vor Zubehör- oder Tuningrädern. Diese rechtfertigen Preisabschläge.

Ausnahmen:

So genannte „Fehlfarben“ sind Lackierungen, die zwar ab Werk verfügbar waren, aber nur selten geordert wurden. Das ins Türkis changierende Beryll (Farbcode 888), das gar nicht mal so seltene Almandinrot (512) und diverse Sonderlackierungen aus dem Mercedes-Individualprogramm „Designo“ sind solche Farben, die im Allgemeinen einen Preisabschlag rechtfertigen, da sie als schwer verkäuflich gelten. Allerdings kann so etwas auch sehr reizvoll sein. Innerhalb der Mercedes-Szene gibt es seit einiger Zeit eine gewisse Klientel, die nach derartigen Fahrzeugen gezielt sucht. Da zählt ganz einfach der persönliche Geschmack.

Mit der Farbpalette der Neunzigerjahre ist es so eine (Geschmack-) Sache. Heute ungewöhnlich wirkende Lackierungen rechtfertigen allerdings nicht mehr unbedingt einen Preisnachlass, auch dafür finden sich immer Käufer. Und: Das Besondere kann ein Statement sein.

Gewährleistung:

Die Sache mit der Gewährleistung ist bei älteren Fahrzeugen grundsätzlich schwierig. Selbst, wenn Sie bei einem Händler kaufen, der Gewährleistung bieten muss, gibt es doch immer wieder Fälle, in denen sich auch Profis genau darum drücken. Da gibt es dann Kaufverträge mit dubiosen Ausschlussklauseln, die den Händler von jeglicher Haftung freisprechen und das komplette Risiko dem Käufer überantworten. Oft wird dann auch davon gesprochen, dass das Auto eigentlich nur für den Export bestimmt sei. Falls Ihnen bei solchen Äußerungen flau im Magen wird, sollten Sie vom Kauf Abstand nehmen und sich nach einem seriöseren Händler umsehen. Allerdings: Bei einem Privatgeschäft tragen Sie das Risiko stets selbst!

Inspektion vor dem Kauf:

Zweierlei hilft Ihnen, das Risiko zu vermindern: dieses Buch und natürlich die Möglichkeit, die Hilfe unabhängiger Fachleute in Anspruch zu nehmen. Ein Verkäufer, der nichts zu verbergen hat, sollte einer technischen Überprüfung des Kaufkandidaten in einer Werkstatt (es muss nicht unbedingt eine Mercedes-Niederlassung sein) oder durch eine Prüforganisation wie TÜV oder DEKRA zustimmen. Die Kosten müssen Sie selbst übernehmen, was sich aber in der Regel lohnt. Einem skeptischen Verkäufer gegenüber können Sie argumentieren, dass auch er sein eigenes Fahrzeug nach einer professionellen Überprüfung besser einschätzen kann. Eigentlich ist also allen Beteiligten geholfen.

Vertragsabschluss:

Ganz wichtig: Bestehen Sie auf einem schriftlichen Kaufvertrag! Handschlag-Deals können ihren Reiz haben, allerdings nicht unbedingt zwischen einander unbekannten Personen. Verhandeln Sie auf Basis des Ist-Zustandes, der vorliegenden Wartungsunterlagen, der Kilometerleistung und eventuell vorhandener Mängel über den Preis. Berücksichtigen Sie auch die Ausstattung und, gerade beim SL, ob das serienmäßige Hardtop noch vorhanden und in gutem Zustand ist. Lassen Sie sich auf keinen Fall erzählen, es handele sich um Sonderzubehör!

Sollten relevante Reparaturen oder Wartungsarbeiten absehbar sein, sollten Sie diese Kosten vom Kaufpreis abziehen oder mit dem Verkäufer aushandeln, inwieweit er die Mängel vor dem Verkauf beheben lässt. Bleiben Sie fair! Bestandteil einer jeden Verhandlung ist es, aufeinander zuzugehen und einen Kurs zu erzielen, mit dem beide Vertragsparteien leben können. Ist das partout nicht möglich, suchen Sie ohnehin besser weiter! Es gibt auf dem Markt derart viele gute R 129, dass Sie auch woanders in jedem Fall ein ordentliches Exemplar finden werden.

Kaufen Sie beim Händler, hat der sicher eine Hebebühne, auf der Sie das Fahrzeug von unten begutachten können. Auf Nummer sicher gehen können Sie, wenn Sie das Auto bei einer anerkannten Prüforganisation zum Gebrauchtwagen-Check vorführen.

13 Restaurieren – ja oder nein?

Ein Mercedes SL der Baureihe R 129 war zu seiner Zeit bereits ein technisch sehr komplexes Fahrzeug und verfügt je nach Ausstattung über ein nicht zu unterschätzendes Maß an elektronischen Komponenten – die zur Wartung und Instandsetzung Fachwissen und geeignete Geräte erfordern -, auf der mechanischen Seite aber kommt im Grunde jeder versierte Handwerker mit lebenserhaltenden Maßnahmen zurecht.
Trotz der auch nach heutigen Maßstäben sehr stabilen Karosseriestruktur sind Zerlegung, Reparatur und Zusammenbau für erfahrene Menschen keine unlösbare Herausforderung, zumal es genügend Ersatzteile – neue wie gebrauchte – gibt. Dabei muss niemand auf Reproduktionen zurückgreifen, das meiste gibt es nach wie vor neu am Teile-Schalter der Mercedes-Niederlassung.
Sparen lässt sich mit der gut sortierten Auswahl des werkseigenen Gebrauchtteile-Centers (MBGTC), die Suche auf einschlägigen Schrottplätzen oder im Internet ist ebenfalls vielversprechend. Aufpassen sollte man bei Fahrzeugen, die bereits erkennbar Reparaturen hinter sich haben oder für kleines Geld „über den TÜV geschweißt" wurden. Schlamperei rächt sich immer!

Ein Auto wie dieses muss nicht restauriert werden. Man kann es, entweder nach Belieben oder nach Kontostand, behutsam in einen sehr guten Zustand versetzen (lassen). Wieviel einem das wert ist, muss jeder selbst entscheiden. Eine Totalrestaurierung lohnt sich noch nicht.

Perfektionisten werden auch das brandlochgeschädigte Windschott tauschen wollen, der Gebrauchtmarkt hält Ersatz bereit.

Auch was Elektrik- und Elektronikteile wie Steuergeräte anbetrifft, ist der Gebrauchtmarkt – vorrangig das MBGTC (dort gibt es geprüfte Komponenten mit Garantie) – gut sortiert und bietet in allen Preisklassen Ersatz. Allerdings ist bei allzu billigen Offerten Vorsicht geboten: Die Funktion eines ABS-Steuergerätes überprüfen Sie nicht mal eben auf dem Küchentisch, da sollten Sie nur aus vertrauenswürdigen Quellen schöpfen!

Fragen und Antworten

Lohnt es sich, ein Auto zu restaurieren, das noch so jung und in recht großer Zahl auf den Straßen unterwegs ist wie der Mercedes des Baumusters R 129? Eher nicht. Zum einen gibt es in der Tat noch genügend gute Fahrzeuge, so dass sich im Zweifel die Suche nach dem besseren Auto eher auszahlt als viel Geld in ein marodes Exemplar zu versenken.
Zum anderen ist der R 129 noch nicht in so erlauchten Preisregionen angekommen, dass eine aufwändige Restaurierung unterm Strich dem Werterhalt oder der Wertsteigerung diente. Noch. Das wird sich in absehbarer Zeit sicher ändern.
Für den Moment gilt: In den meisten Fällen wird sich die Kernsanierung eines SL R 129 – zumal eine von einer Fachwerkstatt ausgeführte – in einer finanziellen Region bewegen, die mindestens einem wirtschaftlichen Totalschaden gleichzusetzen ist. Wenn es sich bei dem betreffenden Fahrzeug also nicht um eine sehr seltene Variante handelt oder eventuell eine persönliche Geschichte damit verbunden ist („Das ist der Benz vom Opa, den will ich unbedingt erhalten!"), sollte man von einer Komplettrestaurierung aus wirtschaftlichen Gründen absehen.

Allein das aus mehreren Lagen vernähte und dick gefütterte Verdeck kann eine Restaurierung unrentabel machen, wenn es den Zeitwert des Fahrzeugs übersteigt. Die Pressebilder zeigen, wie steif eine SL-Fahrgastzelle gebaut ist, und die komplexe Technik des Überrollbügels.

14 Lackprobleme

Lackprobleme entstehen zumeist aufgrund unzureichender Vorarbeiten für eine Neulackierung oder Ausbesserung. Einige der folgenden Probleme werden Sie bei der Klassiker-Suche häufiger antreffen.

Orangenhaut

Die ungleichmäßige Lackoberfläche erinnert an die Schale einer Orange. Das Problem entsteht, wenn der Lack zu wenig verdünnt wurde (häufig auch in Kombination mit einem zu großen Sprühabstand). Auch extreme Temperaturunterschiede zwischen der Umgebung und der zu lackierenden Oberfläche fördern die Bildung einer Orangenhaut. Dieser Effekt lässt sich in leichteren Fällen mit einer entsprechenden Politur oder sehr feinem Schleifpapier beseitigen. Je nach Ausmaß dieses Lackierfehlers ist eine Neulackierung empfehlenswert. Hier hilft auf jeden Fall die Begutachtung durch einen Experten.

Risse

Risse im Lack können vor allem durch zu viel Spachtelmasse entstehen. Wird dem Lack zu viel Härter beigemischt oder besteht eine Unverträglichkeit zwischen der neu aufgetragenen Farbsorte und der bereits vorhandenen Lackierung, kann es ebenfalls zu diesen Erscheinungen kommen. Bei einer umfassenden Restaurierung sollte man vor der Neulackierung sämtliche Lackschichten entfernen, um dieses Problem sicher auszuschließen.

Haarrisse

Wenn sich feine Haarrisse über die Lackoberfläche verteilen, liegt häufig eine Unverträglichkeit des Lacks mit der verwendeten Grundierung vor. In diesem Fall muss man sich Gedanken über eine Neulackierung machen.

Blasen

Korrosion unter der Lackierung verursacht unweigerlich Blasen. Werden sie erst einmal richtig sichtbar, ist der Schaden an den Blechen vermutlich ziemlich groß. Vor einer Neulackierung muss in diesen Fällen zunächst das betroffene Blech repariert werden.

Mikroblasen

Diese Blasen lassen auf eine billige Lackierung schließen, bei der die Oberfläche nicht gründlich trocknen konnte. Am besten holt man sich Rat bei einem Spezialisten, doch wird man häufig in dem betroffenen Bereich die alte Lackierung vollständig entfernen müssen. Als Ursache für die Blasen kommen aber auch Fahrzeugabdeckungen in Frage, die nicht „atmen".

Verblassen

Einige Farben, vor allem Rot, neigen dazu, bei starker Sonneneinstrahlung und ohne Schutz durch entsprechende Politur zu verblassen. Wenn eine Behandlung mit einem Lackreiniger nicht ausreicht, kommt man um eine Neulackierung nicht herum.

Abblättern

Vor allem bei Metallic-Lackierungen kann es vorkommen, dass der Klarlack abblättert. Schlecht aufgetragener Einschicht-Lack zeigt ebenfalls diese Erscheinung. Konsequenterweise muss das Fahrzeug auch in diesen Fällen neu lackiert werden.

Einschlüsse

Wenn bei den Vorbereitungen zum Lackieren und beim eigentlichen Lackiervorgang nicht auf Sauberkeit geachtet wurde, kommt es zu Staub- und Schmutzeinschlüssen, die sich nicht ohne weiteres entfernen lassen. Hier hilft nur eine vollständige Neulackierung.

Beulen

Kleinere Beulen lassen sich leicht vom „ Beulen-Doktor" (Adressen im Internet) sanft und meistens ohne Folgen für den Lack aus dem Blech ziehen, sofern die Lackoberfläche noch intakt ist. Auf jeden Fall sollte man berücksichtigen, dass bei vielen Oldtimern dickere Bleche verwendet wurden als bei heutigen Fahrzeugen und sich dadurch die Arbeit des Beulen-Doktors manchmal schwieriger – und somit teurer als angenommen – gestalten kann.

Pickelchen: Notorisch korrosionsgefährdet sind auch die Radläufe.

Schlechtes Zeichen: Blüht der Rost etwa über den so genannten Sacco-Brettern (hier an einer S-Klasse W 126), darf man davon ausgehen, dass da schon einiges im Argen liegt.

Wo viele Bleche und Anbauteile aufeinandertreffen, bildet sich am ehesten Rost, auch hier wieder an einer S-Klasse W126.

15 Konditionsprobleme

Der beste Mercedes ist ein Mercedes, der regelmäßig bewegt und gewartet wird. Auch wenn das taschentuchgepflegte Garagenauto aus erster Rentnerhand mit 60.000 nachweisbaren Kilometern noch so reizvoll ist – es muss nicht das bessere Angebot sein! Spätestens wenn Sie ein solches Fahrzeug regelmäßig benutzen wollen, können Standschäden teure Reparaturen nach sich ziehen. In der Szene werden Autos mit Laufleistungen zwischen 100.000 und 200.000 Kilometern ohne Wartungsstau als „Fahr"-Zeuge tatsächlich bevorzugt.

Rost:

Autos, die in ihrem Leben kaum etwas von der Straße gesehen haben, leiden selten unter Rost an der Karosserie. Meistens durften sie die Tage und Nächte ja in trockenen Garagen verbringen. Die braune Pest nagt hier eher im Verborgenen und bevorzugt an der Technik. Etwa an der Bremsanlage, wo Kolben, Zangen und Zylinder befallen sein können oder Bremsbeläge an Bremsscheiben festgebacken sein können. Gern rostet auch die Mechanik der Feststellbremse fest. Mitunter so sehr, dass man das Auto gar nicht mehr von der Stelle bekommt. So ein Auto sollte man am besten gar nicht bewegen, bis das Problem im Wortsinn gelöst ist.

Einer der ersten Kontrollpunkte bei der Fahrzeugbesichtigung: Die Wagenheberaufnahmen.

Flüssigkeiten:

Alte Flüssigkeiten gehören erneuert, bevor Sie ein Fahrzeug, das lange gestanden hat, wieder in Betrieb nehmen. Altes Öl kann Dichtungen angreifen und Lager zersetzen. Bestimmte Bestandteile von Kraftstoff und Bremsflüssigkeit sind „hygroskopisch", ziehen also Wasser an, was zu Rostbildung im Kraftstoffkreislauf und im Bremssystem führen kann. Hat etwa die Bremsflüssigkeit bereits zu viel Wasser aufgenommen, kann dies bei heißgefahrener Bremse zu Dampfblasenbildung im System führen. Schlimmstenfalls versagt die Bremse! Verfügt das Auto über eine Klimaanlage, sollten Sie diese nach langer Standzeit ebenfalls überprüfen lassen. Das Kühlmittel ist hochgradig flüchtig, zum Schmieren des Klimakompressors aber lebensnotwendig. Eine „leere" Anlage niemals einschalten!

Reifen:

Es ist ein weit verbreiteter Irrglaube, dass man mit Reifen, deren Profil „noch gut" aussieht, sorgenfrei fahren kann. Nach fünf bis sieben Jahren können die in der Gummimischung der Reifen enthaltenen Weichmacher so weit entwichen sein, dass der Pneu spröde und rissig wird. Das kann lebensgefährlich sein!

Achten Sie beim Kauf des Fahrzeugs auf die in die Reifenflanke eingeprägte DOT-Nummer. Sie gibt Produktionswoche und -jahr an. Hat das Auto längere Zeit gestanden, können sich

Meist ist das Ersatzrad so alt wie das Auto selbst. Man muss nicht unbedingt ein Premiumfabrikat aufziehen, aber intakt sollte auch dieser Reifen sein.

so genannte „Standplatten“ gebildet haben. Diese machen sich beim Fahren durch deutliche Vibrationen bemerkbar, können allerdings auch wieder verschwinden. Tun sie das nicht, sollte man die Bereifung in einer Fachwerkstatt prüfen und notfalls austauschen lassen.

Stoßdämpfer:

Stoßdämpfern sieht man einen Standschaden in der Regel kaum an. Es sei denn, man hat die Gelegenheit, das Fahrzeug auf einer Hebebühne von unten zu betrachten. Sind die Dämpfer verdächtig feucht, tritt bereits Öl aus. Der Grund: Die Dichtungen im Inneren der Dämpfer altern und werden brüchig. Solche Exemplare sollten umgehend getauscht werden. Übrigens ist der gute alte „Wackeltest“ (das Fahrzeug an allen vier Ecken kräftig herunterdrücken) höchstens ein Anhaltspunkt für den Zustand des Fahrwerks, keine sichere Diagnose. Wippt das Auto beim Ausfedern allerdings deutlich sichtbar nach, besteht Handlungsbedarf. Besondere Vorsicht ist geboten, wenn das Besichtigungsobjekt vom Vorbesitzer mit einem Sportfahrwerk nachgerüstet wurde. So etwas ist oft derart hart, dass da nichts mehr wippt. Ein solches Fahrzeug sollte generell von einem Fachmann untersucht werden.

Stoßdämpfer und Federn unterliegen unvermeidbarem Verschleiß und dürfen bei einem mindestens 20 Jahre alten Auto ruhig schon einmal gewechselt worden sein. Falls nicht, lohnt sich diese Investition in die Sicherheit in jedem Fall.

Das beim R 129 für die höheren Motorisierungen optional verfügbare hydropneumatische Fahrwerk („ADS“) garantiert sehr gute Straßenlage – solange es in Ordnung ist und nirgendwo Undichtigkeiten auftreten, wie sie ab einem gewissen Alter drohen. Vor allem die so genannten Federspeicher geben dann den Geist auf. Reparaturen können teuer werden. Wer sich das Risiko ersparen möchte, sollte das konventionelle Fahrwerk bevorzugen, das die Ingenieure seinerzeit ebenfalls sehr gut auf den schweren Wagen abgestimmt haben.

Gummi- und Kunststoffteile:

Nach mehr als zwanzig Jahren können die Weichmacher aus allen möglichen Gummidichtungen entwichen und diese ausgehärtet sein. Auch regelmäßige Pflege mit entsprechenden Mitteln wie Stiften und Sprays verzögert den Prozess nur. Schlimmstenfalls schrumpfen etwa Fensterschachtabdichtungen derart zusammen, dass Wasser von oben in die Türen laufen kann. Eine ausführliche Kontrolle aller Dichtungen (Fenster, Türen) sollte selbstverständlich sein.

Eher kosmetischer Natur sind ausgeblichene Stoßfänger, Rammschutzleisten oder Spiegelkappen. Mit der Zeit werden unlackierte Kunststoffteile grau und unansehnlich. Da kann man allerdings mit guten Pflegemitteln gegensteuern. Wer sich das selbst nicht zutraut, sollte sich an einen professionellen Fahrzeugaufbereiter wenden. Man glaubt kaum, was Fachleute auch aus offenkundig verlebten Autos herausholen (das betrifft auch den Lack!). Eine anständige Aufbereitung muss auch nicht allzu teuer sein.

Gummi- und Kunststoffteile altern, dies lässt sich verlangsamen, aber nicht stoppen. Im Motorraum ist es nicht schlimm, wenn Plastik unansehnlich wird, im Außenbereich schon eher. Christian Petzoldts „Das große Buch der Fahrzeugpflege“ (HEEL Verlag) zeigt anschaulich, wie sich etwa Kunststoffe auffrischen lassen.

Verdeck/Hardtop:

Das Leben eines Stoffverdecks ist endlich. Auch, wenn es so hochwertig gefertigt wurde wie das des R 129. Mit regelmäßiger Pflege und Imprägnierung wird es erstaunlich lange halten, aber irgendwann wird es doch ein Fall für den Sattler. Was übrigens auch auf „Stoffmützen" zutrifft, die den größten Teil des Jahres zusammengefaltet im Verdeckkasten fristen, weil überwiegend mit Hardtop gefahren wurde.

Der Überrollbügel lässt sich auch auf Knopfdruck aufstellen. Einen wirklichen Sinn hat das nicht, weil es das harmonisch fließende Profil des SL eher stört. Der beeindruckende Tanz des elektrohydraulischen Verdecks ist ein Fest für Technikfreaks. Und ja, in der Regel funktioniert es auch im Alter noch reibungslos. Alles andere kommt teuer.

Elektrik:

Der größte Feind der Elektrik heißt übrigens ebenfalls Oxidation. Sie befällt Steckverbindungen und Kontakte, was gern zu Fehlfunktionen und Totalausfällen ganzer Baugruppen führt. Hat ein Auto lange gestanden, sollte man alle wichtigen Funktionen durchtesten. Kommt es zu Fehlern, muss man nicht gleich das „ganz große Besteck" herausholen. In vielen Fällen wirken ein Sprühstoß mit Kontaktspray und der Einsatz von feinem Schleifpapier an Steckverbindungen Wunder.

Auch Sicherungen können den Dienst quittieren und sind in Sekunden ausgetauscht. Generell tun Sie Ihrem Auto Gutes, wenn Sie die Batterie bei absehbar längerer Standzeit an ein „Erhaltungsladegerät" – auch bekannt als „Akku-Jogger" – anschließen. Es simuliert die Ent- und Aufladevorgänge des Alltagsbetriebs und hält so den Akku frisch.

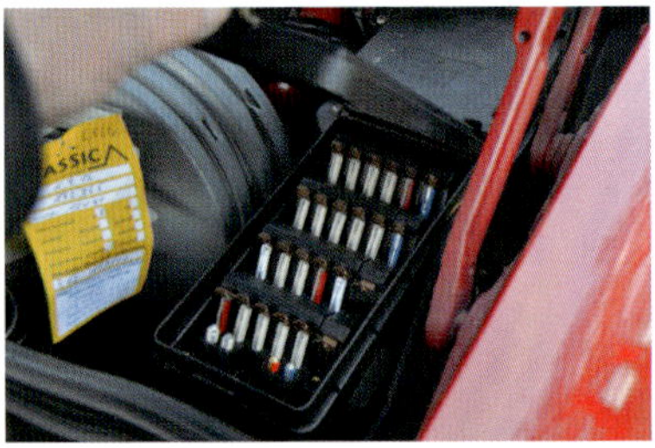

Manche Defekte sind gar keine: Hin und wieder sitzen die altertümlichen „Torpedo-Sicherungen" nur nicht mehr richtig in ihren blechernen Federlaschen. Eine Kontrolle hat schon so manchen vor einer teuren Technikreparatur bewahrt.

Defekte Steuergeräte (hier die ABS-Einheit) können ins Geld gehen. Spezialisten können sie aber reparieren.

Auspuffanlage:

Es ist fast ein Naturgesetz, nicht nur beim Mercedes SL: Wenn Sie ein Auto kaufen, das monatelang nicht bewegt wurde, ist oft nach wenigen Wochen Betrieb die Auspuffanlage „fertig". Auch wenn sie optisch noch intakt aussieht, hat das in den Abgasen enthaltene Wasser im Inneren der Schalldämpfer und Rohre Rost entstehen lassen. Sie faulen von innen nach außen. Das ist fast unvermeidbar. Und im Falle des R 129 auch teuer, Auspuffersatz kostet schnell vierstellig. Benötigen Sie eine komplette Abgasanlage ab Kat, schreibt die MB-Niederlassung mehr als 3000 Euro auf die Rechnung.

16 Wichtige Adressen und Ansprechpartner

Bei allem, was einem betagten Mercedes-Benz fehlt oder eventuell fehlen könnte, können sich seine Eigentümer ziemlich entspannt zurücklehnen. Die hervorragende Unterstützung seitens des Werks, aber auch die der exzellent organisierten Clubszene und eine große Auswahl an freien Teilehändlern und spezialisierten Fachbetrieben machen Wartung, Instandhaltung und Unterhalt des Sternenkreuzers ziemlich einfach.

Clubs:

Mercedes-Benz R 129 SL-Club e.V.
Roseggerstraße 8
75391 Gechingen
www.r129sl-club.de

Mercedes-Benz IG (MBIG) e.V.
Im Hang 16
52428 Jülich
www.mbig.de

Spezialisten, Ersatzteile und Händler:

Mercedes-Benz Gebrauchtteile Center GmbH
www.mbgtc.de
Überwiegend professionell aufgearbeitete Ersatzteile für alle Baureihen. Nicht günstig, dafür mit Werksgarantie!

Kienle Automobiltechnik
www.kienle.com
Restaurierungs-Fachbetrieb und Händler für hochwertige klassische Mercedes-Benz

Carus GmbH
www.carus-parts.de
Ersatzteile für alle Youngtimer-Baureihen aus dem Hause Mercedes-Benz, überwiegend Erstausrüsterqualität, sehr kompetente Telefonberatung

V8 and more
www.v8-and-more.de
Ersatzteilhändler, spezialisiert auf gebrauchte R 129-Teile

KHM K.H. Mayer Kraftfahrzeugtechnik
www.cabrio.de
Cabrioverdecke in Erstausrüsterqualität

Passioncar
www.passioncar.de
Youngtimerhändler mit Schwerpunkt Mercedes-Benz. Wirbt mit dem größten SL R 129-Bestand Europas.

Classic Clockstoppers
www.classicclockstoppers.de
Berliner Händler und Werkstatt, spezialisiert auf den Import klassischer Mercedes-Benz aus Japan.

Leseberg Automobile GmbH Hamburg
www.leseberg.de/classic-center
Alteingesessener Hamburger Mercedes-Benz-Vertragshändler mit eigener Klassikabteilung.

Autohaus Zittel KG Eschweiler
www.zittel.mercedes-benz.de
Offizieller Mercedes-Benz-Classic Stützpunkt

www.mercedes-fans.de
Das Online-Magazin mit Stern. Täglich neue Informationen über klassische und neue Mercedes, Forum, Markt und Termine.

Literatur zum Thema:

Faszination SL – Mercedes-Benz R 129
Günter Engelen, HEEL Verlag Königswinter

Mercedes-Benz SL: Die Baureihe R 129
Günter Engelen, Motorbuch Verlag Stuttgart

Mercedes-Benz SL: Die Baureihe R 129 von 1989 bis 2001
Brian Long, Delius Klasing Verlag

Kaufberatung Mercedes-Benz SL R 129
Hrsg.: Mercedes-Benz R 129 SL-Club e.V.

Mercedes-Benz Classic
Offizielles Clubmagazin der Mercedes-Benz AG

Vielen Dank an:

Martin Henze, Michael Handtke, Stefan Meerkamp und Robert Willscheid für die freundliche Unterstützung der Fotoarbeiten.

Rainer Pantenburg (Mercedes-Benz RKG GmbH, Niederlassung Bonn-Mehlem) für die freundliche Unterstützung bei der Ermittlung von Wartungs- und Reparaturkosten.

Wichtige jährliche Veranstaltungen

Bremen Classics Motorshow
(Tipp für interessierte Käufer: Private Fahrzeugbörse im Messeparkhaus!)
Retro Classics Stuttgart
Techno Classica Essen
Klassikwelt Bodensee Friedrichshafen
Classic Days Schloss Dyck
VETERAMA, Mannheim
Motorshow Essen

Classic Data
Alter erzählt Geschichten, Zeit hinterlässt Spuren, Werte wandeln sich.

TECHNISCHE DATEN R 129

Typ	300 SL	300 SL-24	SL 280	SL 280	SL 320
Bauzeit	1989 - 1993	1989 - 1993	1993 - 1998	1998 - 2001	1993 - 1998
Karosserieform	zweitüriges Cabriolet/Roadster				
Motor	6-Zylinder-Reihenmotor M 103	6-Zylinder-Reihenmotor M 104	6-Zylinder-Reihenmotor M 104	V6-Motor M 112	6-Zylinder-Reihenmotor M 104
Hubraum in cm³	2960	2960	2799	2799	3199
Leistung in PS	190	231	193	204	231
Getriebe (Serie)	5-Gang-Schaltung	5-Gang-Schaltung	5-Gang-Schaltung	5-Gang-Schaltung	5-Stufen-Automatik
Antrieb	Hinterräder				
Aufbau, Rahmen	selbsttragende Ganzstahlkarosserie				
Radaufhängung vorn	einzeln an Dreiecksquerlenkern und Dämpferbeinen				
Radaufhängung hinten	Raumlenkerachse				
Lenkung	Kugelumlauf-Servolenkung				
Länge/Breite/Höhe in mm	4470/1812/1293	4470/1812/1293	4499/1812/1293	4594/1812/1293	4499/1812/1293
Leergewicht in kg	1650	1690	1760	1810	1780
Stückzahl	12.020	26.984	10319	1704	32.223
Preis bei Markteinführung in DM	89.490	99.180	114.655	127.020	125.925

Sechs-, Acht- und Zwölfzylindermodelle ohne AMG-Versionen

SL 320	500 SL	500 SL/SL 500	SL 500	SL 500	600 SL/ SL 600	SL 600
1998 - 2001	1989 - 1992	1992 - 1995	1995 - 1998	1998 - 2001	1992 - 1995	1995 - 2001
V6-Motor M 112	V8-Motor M 119	V8-Motor M 119	V8-Motor M 119	V8-Motor M 113	V12-Motor M 120	V12-Motor M 120
3199	4973	4973	4973	4966	5987	5987
224	326	320	320	306	394	394
5-Stufen-Automatik	4-Stufen-Automatik	4-Stufen-Automatik	5-Stufen-Automatik	5-Stufen-Automatik	4-Stufen-Automatik	5-Stufen-Automatik
4594/ 1812/ 1293	4470/ 1812/ 1293	4470/ 1812/ 1293	4499/ 1812/ 1293	4594/ 1812/ 1293	4470/ 1812/ 1293	4594/ 1812/ 1293
1830	1770	1800	1910	1890	1980	2050
7070	38.629	41.198 (gesamt 1992 - 1998)		23704	11.089 (gesamt 1992 - 2001)	
138.504	125.400	153.729	167.670	173.420	217.740	223.330